TRAITÉ

SUR

LES MINES DE FER

ET LES FORGES

DU COMTÉ DE FOIX.

SE TROUVE

A PARIS, chez MERIGOT le jeune, Libraire, quai des Grands Auguſtins, au coin de la rue Pavée.

A TOULOUSE, chez MANAVIT, Libraire de MONSIEUR, rue Saint Rome.

A STRASBOURG, chez TREUTTEL, Libraire.

A LYON, chez Jean-Marie BRUYSSET fils, Libraire.

TRAITÉ

SUR

LES MINES DE FER

ET LES FORGES

DU COMTÉ DE FOIX,

Par M. De La Peirouse, Baron de Bazus, &c.
des Académies des Sciences de Stokholm, de
Touloufe ; Correfpondant de l'Académie des
Sciences de Paris, de la Société Royale d'Agriculture, &c. &c.

Pluris eft oculatus teftis unus, quam auriti decem
Qui audiunt, audita dicunt : qui vident, planè fciunt.
PLAUTUS in Trucul. II. VI.

A TOULOUSE,

De l'Imprimerie de D. DESCLASSAN, Maître-ès-Arts
Imprimeur de l'Académie Royale des Sciences.

M. DCC. LXXXVI.

AVEC APPROBATION ET PRIVILEGE DU ROI.

A NOSSEIGNEURS
DES ÉTATS
DE LA PROVINCE
DE LANGUEDOC.

M ESSEIGNEURS,

L'ACCUEIL diſtingué que vous avez
daigné faire à mon Ouvrage , la permiſ-
ſion que vous m'avez accordée de le publier ſous vos auſpices , ſont des titres
bien puiſſans pour lui concilier les ſuffra-
ges du Public. Occupés ſans relâche ,

MESSEIGNEURS, *du bonheur de cette belle Province, vous portez vos regards sur tout ce qui peut en accroître la prospérité ; & lorsque vous les fixez sur un objet, vous lui imprimez le sceau de l'utilité publique.*

LE Languedoc *possede dans ses enclaves un grand nombre de Forges ; le fer qu'on y fabrique, ne suffit point à ses besoins. J'ai vu qu'il étoit possible de perfectionner, d'augmenter même ce produit, sans augmenter la consommation des matériaux ; une longue expérience a confirmé mes vues ; dès-lors je me suis fait un devoir de publier, & de vous consacrer un travail qui, en profitant à ma Patrie, peut éclairer tous ceux qui s'occupent de cet Art nécessaire, mais difficile.*

PRÉSIDÉS, MESSEIGNEURS, *par ce Prélat citoyen, qui entraîne par son éloquence, qui étonne par sa profondeur & sa sagacité lorsqu'il discute les plus* grands intérêts, les droits sacrés du Peuple, vous ne vous relâchez jamais de cette sollicitude paternelle qui caractérise votre administration ; rien de ce qui peut être utile ne vous est étranger, & tout ce qui porte cette empreinte peut aspirer à des encouragemens de votre part. S'il suffit, pour les mériter, d'être fortement animé de l'amour de la Patrie & du bien public, mes efforts doivent me les obtenir.

JE suis avec le plus profond respect,

MESSEIGNEURS,

Votre très-humble & très-obéissant serviteur,
DE LA PEIROUSE.

EXTRAIT du Regiſtre des Délibérations priſes par les Gens des Trois Etats du pays de Languedoc, aſſemblés, par mandement du Roi, en la ville de Montpellier aux mois de Janvier & Février 1786.

Du 18 Février 1786.

Préſident, Monſeigneur l'Archevêque & Primat de Narbonne, Commandeur de l'Ordre du St. Eſprit.

MONSEIGNEUR l'Archevêque de Narbonne, Préſident, a dit : que M. de La Peirouſe, Membre de l'Académie Royale des Sciences de Touloufe, & de celles de Paris & de Stokholm, préſente aux Etats l'hommage d'un Livre, qu'il ſe propoſe de publier, qui a pour objet de perfectionner la méthode que l'on fuit dans cette Province pour la fabrication du fer.

Cet Ouvrage formera un volume in-octavo, d'environ quatre cents pages, avec fix planches développées.

Les divers procédés qui font en uſage dans les différentes parties de l'Europe, pour la fonte du fer

& la maniere de le fabriquer, font rapportés dans ce Livre, comparés & difcutés ; la méthode adoptée dans le Comté de Foix, y eft en particulier préfentée avec tout le développement néceffaire pour en faire fentir l'avantage & la fupériorité, fans toutefois diffimuler les défauts qu'on peut encore lui reprocher, & le tâtonnement auquel elle eft livrée, lorfque les fontes ne répondent pas aux efpérances, faute de connoître les caufes de ces accidens, & les moyens propres à les prévenir ou à y remédier.

Des Membres diftingués de cette Affemblée, à qui l'Auteur a fait paffer la partie de cet Ouvrage qui eft déjà imprimée, en ont porté le jugement le plus favorable ; ils le regardent comme un Traité élémentaire qu'il fera très-intéreffant de répandre dans cette Province, afin d'éclairer, par des principes fixes, la pratique incertaine des Maîtres de Forge.

Monfeigneur l'Archevêque de Narbonne a ajouté : qu'il étoit perfuadé que les Etats, toujours empreffés à accueillir favorablement les recherches dont l'influence tend à améliorer les Arts utiles qui font cultivés dans cette Province, voudroient bien agréer l'hommage qui leur étoit offert ; qu'en conféquence, il a l'honneur de leur propofer d'accepter la dédicace de l'Ouvrage de M. de La Peiroufe , & afin de donner à l'Auteur une marque de leur fatisfaction , de foufcrire pour deux cents exemplaires, dont une partie fera diftribuée aux Maîtres de Forge de la Province.

Ce qui a été ainfi délibéré.

Collationné , BESAUCELE.

INTRODUCTION.

L'ART de la fabrication du fer eſt d'une telle importance, qu'elle n'a pas beſoin d'être développée pour être ſentie. Jamais étude ne fut plus digne d'un Citoyen & d'un Philoſophe. Quoique les détails de cet Art appartiennent à la Métallurgie, & qu'ils ſoient, par-là, moins rapprochés des ſciences dont je m'occupe plus ſpécialement ; je me ſuis laiſſé entraîner par les fréquentes occaſions que j'ai eu de connoître cet Art, & de l'approfondir. J'ai donné une égale attention aux Mines de fer qu'on exploite dans la vallée de *Vicdeſſos* au Comté de Foix, & aux Forges, dans leſquelles on traite le minerai qui en provient.

Ces Mines & ces Forges ſont à peine connues ; je ne dis pas des Minéralo-

A

giftes étrangers , mais encore de ceux
du Royaume. Le célebre Réaumur &
Swedemborg en ont parlé fans les avoir
vues , & fur des Mémoires qui leur
avoient été communiqués. Il paroît que
les Savans qui ont rédigé ces articles
dans l'Encyclopédie , ainfi que ceux qui
les ont traités dans les Arts & Métiers ,
publiés par l'Académie des Sciences ,
ont puifé dans ces deux Auteurs , tout
ce qu'ils ont écrit fur notre méthode
d'extraire le fer de fa Mine.

Il n'en fut pas de même de M. Tronfon
du Coudray. Ce Militaire inftruit avoit
étudié , dans les Forges de l'Ifle de Corfe ,
cette méthode de fabriquer le fer ,
nommée très-improprement *Catalane*.
Pour la connoître plus particulierement,
il fit un voyage dans le Comté de Foix ,
& compofa , d'après fes propres obfervations , le Mémoire qu'il a publié :
auffi doit-il être préféré pour l'exacti-

rude à tous ceux qui l'avoient précédé.
Mais ce n'est point un Traité complet ;
il n'a fait qu'effleurer la matiere ; il a
négligé des détails essentiels , & en
grand nombre : il auroit dû rapporter
une infinité d'observations , également
curieuses & instructives. On a sur-tout
à lui reprocher d'avoir passé sous silence,
ou pour mieux dire , de n'avoir pas vu
des faits importans, parce qu'il n'a pas eu
le temps de les appercevoir (1) , & parce
qu'il s'étoit laissé prévenir d'opinions
systématiques , qui seront toujours un
des plus puissans obstacles aux progrès
des Sciences. D'ailleurs , M. du Coudray
ne cherchoit à connoître la méthode du
Comté de Foix , que pour la décrire &
pour la comparer avec celle des hauts-
fourneaux, dont l'usage est plus général.

(1) M. DU COUDRAY n'avoit passé que quatre
ou cinq jours aux Forges de *Gudanes* & du *Castelet*,
& moins encore à celle de *Manse*.

Son but direct n'étoit pas de traiter à fonds tout ce qui regarde notre maniere particuliere de fabriquer le fer.

Après avoir visité un grand nombre de Forges dans le Languedoc, le Couserans, ou la Comté de Foix, je reconnus bientôt que la méthode que l'on suit dans toutes, est la même quant au fonds, & que la différence dans les procédés est peu considérable. Je ne tardai pas à m'appercevoir que la fabrication est absolument gouvernée par des Ouvriers ignorans & grossiers; que par-tout c'est une routine aveugle, & un tâtonnement continuel; que par-tout la fabrique est souvent dérangée par des accidens, dont les Ouvriers ne savent ni démêler la cause, ni prévenir les suites, encore moins y apporter remede. Il résulta encore de la comparaison du travail de toutes ces Forges, que c'est à juste titre que celles du Comté de Foix sont en réputation de fupériorité. Elle eft bien due à la qualité affez généralement conftante de leurs fers.

Dès-lors je me décidai à étudier plus particulierement cette méthode dans les Forges de la vallée de *Vicdeffos*, les meilleures du Comté de Foix. C'eft principalement dans ce deffein que j'y ai fait fix voyages différens. Lié d'une étroite amitié avec M. Vergnies de Bouifchere, Procureur du Roi de la vallée de Vicdeffos, je choifis fa Forge pour y faire mes obfervations, moins à raifon des facilités que j'étois affuré d'y trouver, que parce que M. Vergnies avoit apporté dans le gouvernement de fa Forge, des lumieres & des talens qui en avoient éclairé la manipulation ; & que faifant marcher de front la théorie & l'expérience, il a donné à cette mé-thode un degré de perfection, dont on ne fe doute même pas dans les autres fabriques.

C'eſt donc dans ſa Forge que j'ai principalement obſervé la fabrication du fer : c'eſt dans cette même Forge qu'ont été priſes les dimenſions des Trompes, des Creuſets, &c...... C'eſt de cette même Forge que j'ai levé le plan détaillé & géométrique.

Quoique la fréquentation de ces fabriques m'ait rendu leurs procédés aſſez familiers, j'ai cependant fait un fréquent uſage des obſervations que M. Vergnies a eu la complaiſance de me communiquer. Eh ! quel avantage n'a pas un Obſervateur aſſidu, inſtruit & intéreſſé à la choſe, ſur l'homme même le plus éclairé, qui ne voit qu'en paſſant, & pour ainſi dire à la dérobée ? Celui-ci, frappé par la nouveauté des objets, eſt diſtrait par leur diverſité & par leur ſucceſſion ; il veut tout voir, tout recueillir ; mais ſon attention étant partagée, il omet un grand nombre de détails ; il laiſſe échapper une multitude de faits , d'accidens même , que celui qui obſerve habituellement , & de ſang froid , ſaiſit & note avec ſoin ; c'eſt ainſi qu'il utiliſe les erreurs mêmes , & qu'il les force de tourner au profit de ſa fabrique & de la ſcience.

Ce petit Traité fait partie d'un Recueil d'Obſervations , touchant l'Hiſtoire Naturelle des Pyrénées ; Recueil que j'ai formé ſucceſſivement dans les voyages que j'ai faits, en diverſes parties de ces montagnes. J'attendois, pour les publier , que j'euſſe pu les mettre en ordre , & les préſenter en un ſeul corps d'ouvrage. Déjà même j'ai rédigé ce qui concerne la Zoologie. J'ai communiqué à M. le Doƈteur Mauduyt , pluſieurs articles d'Ornithologie qu'il a inférés dans la nouvelle Encyclopédie Méthodique. Mais quoique je n'aie épargné , ni ſoins, ni fatigues, ni dé-

penfes pour ce grand travail ; quoique
j'aie tout lieu de croire qu'aucun Particulier n'a jamais formé une collection
auffi étendue des productions des Pyrénées , ni raffemblé un auffi grand nombre d'obfervations fur la Zoologie ,
la Botanique , & la Cofmographie de
ces montagnes ; quoique je puiffe préfenter au public une férie affez confidérable d'objets curieux , dignes de fon
attention ; néanmoins , comme de nouveaux voyages me donnent toujours
lieu de corriger , ou d'ajouter des faits
effentiels , à ceux qui me font déjà
connus, j'ai cru que des délais auffi utiles me concilieroient mieux l'indulgence du Public , & les fuffrages des
Savans, qu'une précipitation qui n'eût
prouvé tout au plus qu'un zele mal-
entendu.

D'autres motifs m'ont encore engagé à détacher ce petit Traité du refte

de l'Ouvrage ; j'ai vu qu'il n'auroit aucune liaison avec des Mémoires d'Histoire Naturelle. Les Ouvrages de ce genre ne sont lus ; ou consultés que par les Savans ; dans celui-ci, je devois principalement chercher à instruire des Ouvriers, des gens grossiers. C'est malheureusement entre leurs mains qu'est abandonnée la direction de tout le travail des Forges. Ceux des grands Seigneurs qui en possedent, les abandonnent à leurs Fermiers, & ne connoissent souvent ces fabriques que par leur nom. La plupart des Fermiers n'entreprennent ce travail, qui leur est absolument étranger, que par l'espoir du bénéfice momentané de leur bail.

Parmi les Propriétaires qui résident sur leur Forge, & qui en surveillent la conduite ; ceux-là même qui sont instruits, ne connoissent de la fabrication du fer, que cette routine aveugle, qu'ils ont vu pratiquer à leurs Ouvriers. Une expérience trop malheureuse leur a bien appris à en connoître les vices; mais ils se font toujours peu mis en peine de chercher les moyens de corriger, & de perfectionner leur méthode. Cette étude demande d'ailleurs des connoissances étendues & variées, que peu d'hommes réunissent. Ainsi, pour opérer le bien, ce font les Ouvriers que je dois principalement tâcher de persuader & d'instruire; parce que ce sont eux qui, presque par-tout, gouvernent la fabrication du fer.

Et qu'on ne croie pas que c'est le Comté de Foix seul que j'ai eu en vue ! Le Languedoc possède un grand nombre de Forges, dans les Diocefes de Mirepoix, d'Alet, & même de Narbonne. L'intérêt de ma Patrie , de cette Province, si heureusement située, que la douceur de fon gouvernement, autant que celle de fon climat, rend une des plus floriffantes de la France, m'a puiffamment engagé à publier un travail, qui peut lui être utile. En effet, il fe fabrique dans les Forges du Languedoc une grande quantité de fer. Perfectionner la méthode de cette fabrication, & en corriger les vices, c'eft favorifer l'induftrie, & accroître les moyens de la profpérité publique.

Mais comme dans les Forges du Languedoc on n'emploie que la Mine de Vicdeffos, que la méthode de fabrication y eft la même; & que tout, jufques aux Ouvriers, eft emprunté du Comté de Foix; j'ai dû, pour connoître plus furement cette méthode, remonter, pour ainfi dire, à fa fource, & aller puifer dans les Forges du Comté, l'inftruction, & les lumieres qui m'étoient néceffaires.

Ce petit Traité pourroit être encore d'une utilité moins locale. Le goût de la Minéralogie s'eſt répandu , & n'eſt plus reſtreint à un petit nombre de Savans. Le Gouvernement lui-même a pris cette ſcience utile ſous ſa protection ; il s'occupe des moyens de la faire proſpérer (1). Par-tout on eſt avide d'inſtruction ; la méthode du Comté de Foix étant reſſerrée dans les pays méridionaux de la France , où elle eſt en vigueur , c'eſt un bien que de la pro-

(1) L'Adminiſtration paternelle , ſous laquelle nous vivons en Languedoc , eſt trop éclairée ; pour ne pas ſentir quelle eſt l'influence des ſciences ſur le bonheur des peuples. Auſſi fait-elle les plus grands efforts pour répandre & faciliter l'inſtruction. Après avoir établi à Montpellier une Chaire de Phyſique expérimentale , & une autre de Chymie , les ETATS viennent d'accorder le même bienfait à la ville de Touloufe. Elle le doit principalement à ſon illuſtre ARCHEVÊQUE , dont le vaſte génie ſaiſit même les plus petits détails , lorſqu'ils intéreſſent le bonheur despeuples confiés à ſes ſoins.

pager. Déjà même on fait des vœux pour que cette méthode foit plus connue. Plufieurs Propriétaires de Forge du Dauphiné ont préfenté un Mémoire à M. l'Intendant Général des Mines de France , pour le prier « de rendre » publics , & de faire connoître à la » France entiere les procédés des Forges du Comté de Foix , qu'on a déjà » effayé avec un fuccès ineftimable , » difent-ils , en Dauphiné & en Bourgogne. »

Cet Opufcule pourra fervir de réponfe au Mémoire des Habitans du Dauphiné , & d'inftruction à ceux qui défireront de connoître cette méthode dans tous fes détails. Lorfque fes avantages , & fur-tout fa prodigieufe économie, feront connus , on n'héfitera pas à la fubftituer au travail des Hauts-Fourneaux, fi long & fi difpendieux.

Ainfi , non-feulement je ferai con-

noître tous les procédés, & toutes les
manipulations uſités dans les Forges
du Comté de Foix, de même que les
proportions des diverſes parties de la
Forge, mais encore je commencerai
par l'hiſtoire de ces Mines, & par la
deſcription de toutes les variétés de
Minérai, qui ſont l'objet de ce traitement. La néceſſité de fixer les idées des
Minéralogiſtes ſur la nature & la qualité des Mines dont on extrait le fer
dans nos Forges, exigeoit cette marche.
L'intérêt des Mineurs, & le déſir de
prévenir les déſaſtres trop fréquens, qui
ſont la ſuite inévitable de leur impéritie, & de leur peu de précaution,
m'ont porté à joindre à la deſcription
des Mines, celle de la montagne où
elles ſe trouvent, ainſi que le détail
des travaux de l'extraction du Minérai.
J'ai eu ſoin d'ajouter, non-ſeulement à
toutes les Mines diverſes, mais encore

à tous les outils, à toutes les parties de la Forge , à tous les procédés , lorſque cela a été praticable , le nom vulgaire qu'on leur donne dans le Comté de Foix. Cette nomenclature , quoique barbare en apparence , étoit indiſpenſable , d'abord pour établir dans toutes les Forges l'uniformité dans leur Vocabulaire. Elle étoit néceſſaire , afin que ſi jamais quelque Savant , ou quelque Propriétaire de Forge , formoit le deſſein d'aller connoître ſur les lieux , cette maniere ſi ſimple de fabriquer le fer , il pût ſe faire entendre des Mineurs , & des Forgerons ; ce qui feroit bien difficile ſans cette précaution.

Après avoir développé en détail tous les procédés particuliers à cette fabrication du fer , j'ai cru devoir rectifier , par des faits authentiques , les opinions communes des Savans , ſur pluſieurs points de cette méthode :

j'ai ajouté ceux que mes obſervations particulieres m'ont procuré, principalement ſur l'utilité de la manganeſe pour la formation de l'acier natif. Hiſtorien, & non Panégyriſte, j'ai relevé tous les avantages de la méthode de nos Forges ſur toutes les autres méthodes connues ; mais je n'en ai point diſſimulé les défauts, & ſur-tout ces variations étonnantes & fâcheuſes, qui déſolent le Théoricien, & cauſent de ſi grands dommages aux Propriétaires. J'ai recherché auſſi quels ſeroient les moyens les plus efficaces de remédier à ces variations, & de corriger les principaux vices de cette méthode : enfin, ne voulant négliger aucun moyen d'être utile, j'ai propoſé les vues d'amélioration que je crois les plus praticables, & les plus propres à porter cette méthode au degré de perfection, dont je la crois ſuſceptible.

Plus

Plus occupé d'expofer clairement les faits, que de donner une tournure élégante à la maniere de les expliquer, je réclame l'indulgence de mes Leêteurs, pour l'incorreêtion, & peut-être l'aridité de mon ftyle. Sans vouloir rejeter entierement ce reproche fur la nature des matieres que je traite, j'avoue que j'ai mis toute mon attention à être vrai, clair & précis, & à ne rien omettre de ce qui peut être utile. Ce mérite eft le plus effentiel, & j'ai fait tous mes efforts pour ne pas le négliger.

B

TRAITÉ

SUR

LES MINES DE FER,

ET LES FORGES
DU COMTÉ DE FOIX.

PARTIE PREMIERE.

HISTOIRE DES MINES DE FER
DE LA VALLÉE DE VICDESSOS.

LES Mines de fer font abondamment répandues dans les montagnes de la Vallée de *Vicdeſſos*. On y en découvre ſouvent de nouvelles, dont on néglige l'exploitation ; parce que celles qui ſont ouvertes, fourniſſent ſuffiſamment aux beſoins de toutes les Forges.

Ces Mines font fituées dans la montagne de *Rancié* près du village de *Sem*. Leur découverte, & leur exploitation, fe perdent dans la nuit des temps. Les uns l'attribuent aux Romains, d'autres aux Maures. Ce que l'on peut dire de plus certain, c'eft qu'en 1273, Roger-Bernard Comte de Foix, donna aux Habitans de la Vallée de Vicdeffos une charte, par laquelle ce Prince, en confirmant certains privileges qu'ils avoient obtenus anciennement, les maintint d'une maniere expreffe, dans celui d'extraire ces mêmes Mines, comme ils l'avoient fait de temps immémorial (1).

---

(1) Cette charte eft dans les archives de *Vicdeffos*. Elle eft rapportée en fubftance dans une autre charte de Gafton Comte de Foix de 1293 ; l'une & l'autre font mifes en qualité, dans l'Arrêt du Confeil du 16 Octobre 1731, qui regle définitivement les conteftations qui s'étoient élevées au fujet de ces Mines, entre la Vallée de Vicdeffos, & les Provinces de Languedoc & de Foix.

Il paroît même que les Comtes de
Foix avoient fort à cœur de favorifer
cette Vallée, puifque non-feulement
ils reconnoiffoient fa propriété fur ces
Mines, dans les termes les plus forts,
mais encore puifqu'ils s'en interdifoient
l'exploitation à eux-mêmes, & à leurs
Succeffeurs, fous quelque prétexte que
ce pût être (1).

L'exploitation de ces Mines dut être
bornée pendant plufieurs fiecles aux
befoins, ou au commerce du fer forgé
des Habitans nombreux de cette Vallée.
En effet, ce ne fut qu'en 1355 qu'ils
en permirent l'exploitation au-delà du

---

(1) *Item quod in dictâ Mineriâ utatur fub modo ,
& formâ quo utitur in Mineriâ de Caftroverduno ,
quod præfatus Dominus Comes, nec ejus Succeffores
nullo modo poffint, nec valeant, dare vel aliquo
modo , alicui homini domeftico , nec extraneo ,
ferrifodinam, feu clotum novum , vel vetus in dictâ
Mineriâ, vel pertinentiis dictæ Vallis.* Charte du
17 Janvier 1355.

Pont de Sabart, près de la Ville de *Tarafcon* (1). Depuis cette époque, la Mine de fer de *Sem* y eft marchande : il y en a des magafins à Tarafcon, & on l'y expofe en vente fur les places publiques.

Ce font les Mines de *Sem* feules qui alimentent, non-feulement toutes les Forges du Comté de Foix, au nombre de vingt-une (2), mais encore celles du Couzerans, du Diocefe de Mirepoix, du Diocefe d'Alet, quelques-unes même du Diocefe de Narbonne. Le nombre

---

(1) Ce fait eft prouvé par la charte ci-deffus citée : *Sequitur forma fub quâ Confules vallis Deffos concedere volunt, quod petra ferrea, vallis Deffos, tranfeat ultrà paffum de Sabarto, &c.*

(2) Ces vingt-une forge du Comté de Foix font :

Vicdeffos	5.	Afcou.	1.
Siguer.	1.	Saurat.	2.
Niaux.	1.	Lacombe.	1.
Gudanes.	3.	St. Paul.	1.
Urs.	1.	La Cabirole.	1.
Le Caftelet.	1.	Tourné	1.
Orgeis.	1.	Stagnels	1.

total de ces Forges peut aller à cinquante, & leur produit annuel, environ à cent cinquante mille quintaux de fer (1).

On peut donc compter que l'on extrait annuellement de quatre à cinq cents mille quintaux de minerai des Mines de *Sem*; malgré cette énorme dépenfe, qui fe foutient depuis des temps fi reculés, ces Mines ne font, ni moins riches, ni moins abondantes. On n'a pas même lieu de craindre, encore, qu'elles foient épuifées. D'ailleurs, au befoin, on auroit recours aux Mines de *Château-Verdun*, d'*Auzat*, de *Suc*, &c. C'eft une reffource affurée en cas de difette.

---

(1) Ce calcul ne peut être fait que par approximation. On fait qu'une forge puiffante & en bon train, peut donner environ quatre mille quintaux de fer par an. On a fuppofé que le produit de chacune des cinquante forges, étoit l'une dans l'autre de trois mille quintaux. Il en eft de même pour le minerai; on en retire communément à-peu-près le tiers de fon poids de fer forgé. On s'eft appuyé, fur ces données, pour pofer ces deux énoncés.

DESCRIPTION

DE LA MONTAGNE DE RANCIÉ.

L A vallée de Vicdeſſos commence naturellement près de la ville de Taraſcon.
Ses limites territoriales ne ſont pas les
mêmes, que la nature paroît lui avoir
aſſignées. Celles-ci la reſtreignent à
quelques toiſes en-deſſous du Pont de
la *Ramade* ſur la riviere de *Siguer*. Cette
vallée ſe prolonge juſques aux montagnes qui la ſéparent de l'Eſpagne
au midi & au couchant. Sous cet aſpect
encore, elle aboutit au Couzerans. Elle
a pour confins, au ſeptentrion la terre
de *Rabat* ; & celles de *Junac*, d'*Aliat*
& de *Siguer* vers l'orient.

Il ſeroit hors de mon ſujet de donner
une deſcription détaillée des montagnes
qui forment cette vallée : elle trouvera
plus naturellement ſa place ailleurs. Je

me contenterai de dire qu'on n'y voit pas, non plus que dans le refte de la chaîne des Pyrénées", ces zones, ces bandes, que d'habiles Obfervateurs ont reconnu dans la plupart des grandes chaînes, dont le centre eft de granit, auquel fuccede le fchifte, & à celui-ci le calcaire (1).

Depuis Tarafcon jufques au village d'*Aliat*, les montagnes font très-élevées, & de pierre calcaire : mais de ce calcaire qui ne contient point abfolument de corps marins pétrifiés, & qu'il eft indifpenfable de diftinguer, quant à fon origine, de celui qui en renferme (2).

Ces montagnes calcaires font folides, c'eft-à-dire, fans couches apparentes ; ou en bancs, plus ou moins inclinés, & celles-ci font prefque toujours fchifteufes. A ces montagnes calcaires fuc-

---

(1) Voyez à la fin de l'ouvrage la note (A).
(2) Voyez à la fin de l'ouvrage la note (B).

cede immédiatement le granit, souvent interrompu par diverses roches, surtout par une roche schisteuse très-dure, contenant beaucoup de quartz & de mica. C'est un véritable *Gneiss* des Saxons. Les Suédois nomment cette roche *Hallgestein*.

On revoit à Vicdessos les hautes montagnes calcaires schisteuses : elles font un peu mêlées d'argille : leurs couches font pour la plupart verticales, quelquefois horizontales, le plus souvent un peu inclinées vers l'ouest. Elles font enclavées dans des chaînes de granit & de *Gneiss*, qui les ceignent de toutes parts.

C'est dans ce bassin qu'est placée la montagne de *Rancié*, au sud-est du village de *Sem*. Celui-ci est situé sur la hauteur, sur la rive droite de l'Oriege de Vicdessos.

La montagne de *Rancié* est calcaire.

Vers fa bafe, la pierre eft tendre &
martiale; aux approches du filon, cette
même pierre forme une véritable breche
très-dure; fur le toit du filon, elle eft
blanche & fchifteufe. Au-deffus de
celle-ci, on trouve des bancs calcaires
mêlés, & recouverts d'une ferpentine
jaunâtre. Enfin, le fommet de la montagne eft d'une pierre calcaire grife,
pure. Les couches de cette montagne
font verticales, & paralleles au filon.

Quoique cette montagne puiffe être
confidérée comme farcie d'un nombre
infini de différens amas de mine de fer,
on peut néanmoins y diftinguer & y
fuivre un filon principal, dont la direction, comme celle des couches calcaires, va de l'eft à l'oueft. Sa courfe
eft marquée par une fuite d'ouvertures
de galeries, qui fe prolongent fur une
même ligne, & par un toit & un chevet
qui l'accompagnent dans toute fa lon-

gueur avec la même régularité. Ce toit
& ce mur font d'une pierre calcaire,
martiale, rougeâtre & grenue. Elle porte
en Suede le nom de *Rocwand*.

L'inclinaifon du filon & des couches
varie de 55 à 60 degrés. L'épaiffeur
du toit & du mur n'eft pas uniforme.
Lorfque le *Rocwand* coupe le filon,
c'eft un figne certain qu'il a tari.

Ce filon principal a un grand nombre
de ramifications; elles conduifent quelquefois à de vaftes amas, qui fuivent le
filon, mais fans direction ni régularité
apparentes. Souvent auffi les amas font
ifolés, & entierement féparés du filon.
Cependant une recherche affidue fait
voir que, pour l'ordinaire, des veines
extrêmement déliées conduifent du filon
à ces amas : la moindre négligence à les
fuivre entraîne la perte des richeffes
qu'on en auroit extrait.

La profondeur de ce filon eft in-

connue, & l'on ne peut mesurer exacte-
ment sa puissance, tant à cause de ses
irrégularités, que des éboulemens qui
se font faits dans l'intérieur des travaux.
Néanmoins si l'on considere attentivement l'entrée de certaines Mines, ou
galeries, telles que celles du *Poux*, *de
la Graillere*, &c. on doit regarder le
filon , & même ses principales ramifications, comme très-puissans, puis-
qu'on peut mesurer trente toises, dans
l'intervalle du chevet au toit, sur une
pareille largeur.

Les ouvertures des galeries sont du
côté du couchant : on en voit un grand
nombre, dont chacune porte un nom
particulier. La premiere en montant est
le *Balagre*, ou *Beliba* ; on en extrait rarement du bon minerai; on y travaille
aussi le moins qu'il est possible.

On trouve ensuite celui de *l'Escu-
delle* ou le *grand Minier*, autrefois très-

abondant , mais qui fournit toujours la Mine la plus riche. Par malheur elle y devient rare : il feroit peut-être poffible d'en tirer encore de grandes richeffes.

Les Minieres de la *Graillere*, & du *Tartié* formoient, il y a quelques années, deux galeries diftinctes & féparées l'une de l'autre par un efpace affez confidérable. La facilité de l'exploitation engagea M. Vergnies de Bouifchere à les faire unir dans l'intérieur de la montagne. Le *Tartié* fut donc bouché. La *Graillere* eft devenue la Mine la plus abondante, & la plus riche, fur-tout en belles hématites noires (1).

(1) Les Mineurs attachés à ces deux galeries s'étant pris de querelle, il y eut une rebellion. M. Vergnies, en fa qualité de Procureur du Roi, fut forcé d'en pourfuivre les moteurs. Vingt-cinq Mineurs furent décrétés au corps. Cette affaire fut arrangée par la médiation de feu M. le Marquis de Bonac , Commandant dans le Comté de Foix. M.

Il feroit fuperflu de faire ici l'énumé-
ration de toutes les petites Minieres
dont cette montagne fourmille ; j'en
excepterai toutefois celle du *Tail*, ouverte vers fon fommet. Elle eft remar-
quable par la moffette qui y regne. Les
Mineurs la connoiffent fous le nom de
Pouls (pouffiere). Le gaz méphitique
y voltige fous la forme d'un nuage épais
& blanchâtre ; les lampes s'éteignent
lentement, & les Mineurs éprouvent

Vergnies indiqua les moyens de réunir furement les
deux galeries. Les travaux furent faits aux frais de
la Vallée, qui, dans tous les temps, a fourni, &
fournit encore aujourd'hui aux dépenfes extraordinaires, pour procurer une meilleure & plus abondante exploitation. Ces dépenfes font d'autant plus
dignes d'éloge, qu'elles tournent bien plus à l'avantage des Forges étrangeres, qu'à celles de la Vallée,
& même du Comté, qui font le plus petit nombre.
On nomma la nouvelle communication des deux
galeries *le Pas de Bonac*, pour confacrer la mémoire de celui, fous la protection de qui elle avoit
été faite, & pour rappeler le fouvenir du bien qui
en réfulte.

de la difficulté dans la refpiration. Ils ont obfervé qu'ils retardoient, ou affoi-bliffoient les effets de la moffette, lorf-qu'ils quittoient leurs habits de laine, & qu'ils travailloient en chemife. Cette moffette paroît aujourd'hui très-rare-ment dans cette Mine.

DE

DE L'EXTRACTION

DE LA MINE.

LES Mines de *Rancié* étant une propriété de la vallée de Vicdeffos , les
feuls Habitans des douze Villages qui
la compofent , ont le privilege d'aller
les exploiter. L'éloignement du plus
grand nombre , & la proximité de ceux
de *Sem* , *d'Olbié* & de *Goulié* font caufe
qu'il n'y a que ces derniers qui profitent
de cette liberté. Malheur à l'étranger
qui parviendroit à être admis dans le
nombre des Mineurs ! Le befoin les rend
jaloux de leur propriété. Le fol ingrat
de leurs montagnes fe refufe à toute culture. On y voit peu de terres arables.
La néceffité les contraint d'embraffer
une profeffion, d'autant plus périlleufe ,
qu'ils en ignorent les principes & les
regles. Ce peuple Mineur ne connoît

C

d'autre bien, d'autre richeffe, que la
propriété commune des Mines ; il ne
connoît point d'autres moyens pour fa
fubfiftance, & celle de fa famille. Qu'on
ne foit donc pas furpris de le voir fi
défiant & fi foupçonneux. Il craint toujours qu'on ne vienne attenter à fa propriété, & lui enlever le droit de travailler aux Mines. Telle eft la caufe du
peu d'accueil qu'ils font fouvent aux
étrangers. Ils les regardent prefque toujours d'un œil fombre & inquiet. Ce
préjugé fortement enraciné chez eux
dès la plus tendre enfance, exalte leur
courage naturel, & les rend capables
des entreprifes les plus hardies, & les
plus périlleufes, lorfqu'ils croient que
leur propriété & leur liberté font me-
nacées.

Une hotte fur le dos, une lampe à
la bouche, une pioche fur l'épaule,
un briquet, de l'amadou, du coton,

une pierre, une petite corne remplie d'huile à la ceinture; tel eft l'équipement avec lequel le Mineur marche vers fon travail. Il s'enfonce gaiement dans ces affreux fouterrains. Arrivé au lieu de l'extraction, il fufpend fa lampe au premier rocher commode ; il frappe à coups redoublés, & fait voler la mine en éclats. C'eft ainfi qu'il arrache aux entrailles de la terre une fubfiftance, que fa furface lui refufe.

Mais les Mines fortes, les hématites réfiftent fouvent aux efforts du Mineur. L'art fupplée alors à la force. Il perce le rocher, & la poudre, en faifant retentir au loin ces horribles demeures, détache de gros quartiers de Minerai, & récompenfe ainfi largement le travail du Mineur.

Lorfque les Mineurs ont arraché une quantité fuffifante de Minerai, ils l'arrangent dans la hotte, la chargent fur les épaules, reprennent la lampe à la bouche , & regagnent ainſi l'entrée des galeries. C'eſt là qu'ils vendent la Mine aux Voituriers , qui s'y rendent , à peu-près à des heures fixes , pour l'acheter. C'eſt ainſi qu'ils en uſent dans les petits travaux , où il n'y a que trois ou quatre Mineurs. D'ordinaire ils ſont départis par compagnies de 10 , de 15 , de 20 , &c. Les uns arrachent la Mine , on les nomme , les *Peiriers* ; les autres l'enlevent , & la tranſportent , on les appelle *Gourbaliers* , (porteurs de hotte.)

Il y a communément 250 Mineurs occupés à cette exploitation ; il en ſort tous les ans de quatre à cinq cents mille quintaux de Minerai. Il s'en conſomme près de la moitié dans les vingt-une Forges du Comté de Foix. Naturellement moins la Mine eſt rare , & chere , plus la conſommation doit en être conſidérable.

Le Mineur de la Vallée de Vicdeſſos ne connoît de ſon art, que ce que la tradition lui en a enſeigné. Quelque groſſier qu'il ſoit, l'expérience lui a cependant appris les moyens d'extraire la plus grande quantité poſſible de Minerai. Son art conſiſte à commencer les entailles par l'endroit le plus élevé ; & à continuer enſuite l'extraction, toujours en deſcendant. Cet expédient ne réuſſit pas toujours. Comme les Mineurs travaillent au haſard, il leur arrive quelquefois d'avoir attaqué la veine par le fonds. Alors ils fabriquent des eſpeces de planchers, avec quelques pieces de bois, qu'ils aſſujettiſſent avec des hards de coudrier. Elevés à l'aide de ce frêle appui vers le haut de la veine, ils détachent la mine, & la précipitent ſous leurs pieds. Si la veine ſe releve encore davantage, & que l'élévation de la voûte qu'ils ont formée, les empêche de pouffer plus loin leurs travaux, ils ne fe rebutent pas; ils percent en dehors une galerie; ils tâchent de la diriger à côté de cette voûte; parvenus à fa hauteur, par cette nouvelle ouverture, ils recommencent l'extraction avec plus de facilité, & d'affurance.

Si dans la pourfuite des filons, ils rencontrent des terres, ou des pierres mouvantes, ces lieux font cuvelés; mais ce cuvelage groffier, & fait fans principes, n'a point la folidité qu'on devroit lui donner. La précaution la plus ordinaire de ces Mineurs, pour fe garantir des éboulemens, c'eft de laiffer, par intervalles, des piliers de Mine, ou de Roche. On a obfervé qu'ils ne font jamais auffi folides, que lorfque la Mine & la roche y font entremêlées.

La Mine a-t-elle tari dans une excavation? On perce les parois des galeries, & les *pallieres* même (1) pour en arracher tout le Minerai qu'on peut y avoir laissé ; on fouille aussi dans les terres & dans la roche, soit en dedans, soit en dehors, pour chercher de nouvelles veines.

La montagne de *Rancié* a été ouverte & poursuivie, dans presque toutes ses dimensions. Son sommet présente un éboulement intérieur, qui se proroge jusques à sa base. Il est dû aux excavations qui ont été faites dans des temps plus reculés. On assure qu'elles ont été poussées assez en avant, au-dessous du torrent qui coule au pied de la montagne. Toujours est-il certain que la mine du *Balagre* descend jusques à son niveau.

On ne connoît ici les galeries que sous le nom de *Couxiere*. Elles sont

(1) Les Mineurs donnent le nom de *Pallières* à toutes les roches auxquelles la Mine adhere.

creufées, tantôt dans la roche, tantôt
dans le Minerai même, quelquefois dans
la terre végétale. L'entrée d'une Mine
n'eft pas toujours une galerie. C'eft
ainfi qu'à la *Graillere* on entre d'abord
dans des vaftes excavations, qui fe continuent pendant près de 300 toifes. Les
Mineurs nomment *Bouis* (vuides) ces
vaftes fouterrains. Vient enfuite une
galerie , ou *Couxiere* très-longue, qui
conduit à l'exploitation. En général ,
ces galeries font étroites, baffes & tor-
tueufes; on fent à leur approche un
vent très-fort , qui eft froid en été, &
tempéré en hiver (1); elles fe terminent
à de grandes & vaftes excavations. La
lueur vacillante des lampes, les coups

---

(1) Dans une galerie de la *Graillere*, eft un paffage
appelé *le pas del vent*. Les Mineurs font forcés d'ufer
de précaution, pour y conferver leurs lampes allu-
mées. Quinze ou vingt pas au-delà , le vent ne
fouffle plus,

répétés de la pioche , le filence du Mineur, ne font qu'augmenter l'horreur
qui regne dans ces profonds abîmes.
Il y marche fans crainte ; l'Etranger y
friffonne, & recule de frayeur.

Par une fuite néceffaire du peu de
précautions que les Mineurs emploient
dans la conftruction des cuvelages , &
des étais, ils font expofés à des accidens terribles, & trop fréquens. Il ne
fe paffe prefque pas d'année fans qu'il
n'en arrive. Ils n'ont pas foin de vifiter
le bois des étais & des cuvelages ; il
pourrit en peu de temps ; les Ouvriers
peuvent être enfermés vivans dans ces
lieux de défefpoir & de rage. Depuis
quelque temps , il eft rare qu'ils y perdent la vie ; parce qu'auffi-tôt qu'un
pareil défaftre arrive , tout le corps
des Mineurs travaille nuit & jour, fans
relâche , à enlever les décombres qui
obftruent les galeries. Il y a environ

deux ans , que deux enfans de 12 à 14 ans refterent ainfi renfermés pendant plus de deux jours ; on parvint à les en retirer fains & faufs ; ils continuent encore aujourd'hui leur métier.

Aucun de ces éboulemens ne peut être comparé par fes ravages & fes fuites défaftreufes à celui qui arriva en 1769. La voûte de la Mine de *l'Efcu-delle* , grande , vafte , élevée , la plus confidérable de toutes , étoit foutenue par une énorme pilier. Quelques Mineurs avides détacherent la Mine qui y étoit reftée. L'entrée de cette Miniere s'é-croula. Une place affez fpacieufe & très-commode , fur laquelle fe faifoit la vente de la Mine , fut engloutie. Toute cette partie extérieure de la montagne fut entierement abîmée , fur une furface de plus de cent toifes quarrées. On ne voit plus que des rochers entaflés con-fufément. Il faut néceffairement fe placer

fur ce tas immenfe de débris , pour voir
l'entrée de cette Mine. L'œil du fpecta-
teur franchit un abîme incommenfu-
rable. Cet afpect redouble le faififfement
& la triftefle que porte dans fon ame
l'image de cette énorme dévaftation.

Menacés fans cefle par des accidens
auffi funeftes , la nature femble avoir
voulu dédommager ces malheureux Mineurs par des bienfaits particuliers. Leurs
Mines ne font point mal-faines ; les
eaux ne les incommodent prefque jamais. Ce n'eft que lors des pluies con-
tinues , qu'il en filtre dans certains travaux , encore même en petite quantité.
Lorfqu'on travailloit au loin dans la
montagne , il y avoit prefque toujours
de l'eau. M. Vergnies de Bouifchere fe
rappelle d'avoir vu dans le Minier de
l'*Efcudelle* un grand lac , qui ne tariffoit
jamais. Pour pourfuivre l'exploitation
au-delà de ce gouffre , les Mineurs y

avoient jeté un pont de bois, fait, à la
vérité, à leur maniere. On a abandonné
ce travail.

Une exploitation aussi considérable
exigeoit qu'on eût à portée des bois en
réserve, pour le service des Mines. Les
anciens n'avoient eu garde de manquer
à des précautions aussi nécessaires & aussi
sages. Il existe encore, à côté de la
montagne de *Rancié*, un bois de sapins,
& de hêtres, appelé de *l'Escouil.* En
face de celui-ci est encore un autre bois
de sapins, destinés uniquement à cet
usage. Il est défendu de toucher à ces
bois sous aucun prétexte : ils sont absolument consacrés à l'usage des Mines.
Elles en consomment tous les ans une
quantité, plus ou moins considérable,
suivant la nature du terrain où l'on pour-
suit les galeries. Voilà les seuls bois futés
qui restent dans le territoire de Vicdessos,
sur plus de dix mille arpens que cette

Communauté en poſſédoit, d'après ſes anciens compoix (1). Ces reſtes pré-cieux, & abſolument néceſſaires des antiques forêts, ne ſont que trop expo-ſés à la dégradation. La diſette du bois eſt extrême dans le Comté de Foix ; les particuliers vont en fraude, dans les bois réſervés, pour pourvoir à leurs beſoins domeſtiques. On devroit s'oppo-ſer à ces abus, avec d'autant plus de rigueur, que ſi jamais *l'Eſcouil* & les autres bois réſervés venoient à manquer, on ſeroit forcé de faire venir de très-loin, & à un prix exceſſif, les bois qu'une direction éclairée ſeroit forcée d'em-ployer dans ces Mines, pour la ſureté & la conſervation des Ouvriers & des travaux.

---

(1) Pour plus d'exactitude, je dois dire qu'il reſte auſſi à la Communauté de Vicdeſſos environ cent arpens de bois de ſapin & de hêtre, réſervés pour les bâtimens.

DE LA POLICE
ET DU COMMERCE DES MINES.

LA police des Mines appartient aux Confuls de Vicdeffos. Ce font les Officiers nés de la Vallée. Il n'y a de Maire qu'autant que les befoins de l'Etat le forcent de créer de ces charges parafites. Les Confuls, avec le Confeil Municipal, rendent les Ordonnances qui leur paroiffent néceffaires. Le Maire & les Confuls les font exécuter (1).

Ils ont fous leurs ordres quatre principaux Mineurs affermentés, qui font connus fous le nom de *Jurats*. Ceux-ci

---

(1) Anciennement tous les Habitans de la Vallée étoient admis à la nomination des quatre Confuls. Ils s'affembloient à cet effet fur la Place publique de Vicdeffos. Les troubles & les cabales qui accompagnoient ces élections, provoquerent en 1706, un Arrêt de reglement du Parlement de Touloufe, qui reftreint le droit d'élection des Confuls, au Corps Municipal de Vicdeffos.

font fpécialement chargés de veiller à l'exécution des Ordonnances dans les Mines.

Les Confuls puniffent de l'amende, & de la prifon, les contraventions des Mineurs. Ils jugent toutes leurs contefta-tions, & toujours fommairement.

L'Ordonnance de Police qui eft en vigueur, eft du 21 Août 1731. Elle comprend XXXIV Articles. J'en ai extrait ce que je vais rapporter, pour donner un apperçu de la police obfervée dans cette exploitation.

On appelle *Office*, tout le Corps des Mineurs. Un Mineur ne peut entrer dans les Mines, que tout l'Office ne foit raffemblé. Depuis le premier de Mars jufques au premier de Novembre, ils entrent au travail à huit heures du matin; ils en fortent à fept heures du foir. Le refte de l'année ils ne travaillent que fept heures.

Les *Jurats* font tenus de faire chaque jour la vifite des travaux. Ils doivent fur-tout examiner s'il y a du danger : dans ce cas, ils prennent le nombre de Mineurs qu'ils jugent néceffaire, pour faire, fans délai, les réparations qu'ils prefcrivent.

Ce font eux qui font auffi chargés de vérifier, dans chaque travail, la qualité du Minerai. Lorfqu'ils en rencontrent qui eft mauvais, ils le marquent, & défendent aux Mineurs d'en continuer l'extraction.

Aux *Jurats* appartient auffi le foin de faire laiffer des piliers pour foutenir les voûtes. Ils doivent y faire des marques, pour s'affurer qu'on les refpecte.

On appelle *volte* l'extraction d'une quantité fuffifante de Mine, pour faire la charge d'un Mineur. Les *Jurats* reglent, tous les matins, le nombre de *voltes* qu'il eft permis aux Mineurs de faire

faire dans la journée ; de telle forte cependant que les Habitans, & les Etrangers puiffent s'en approvifionner. Il eft
féverement défendu aux Mineurs d'en
faire au-delà du nombre prefcrit : mais
les *Jurats* font punis avec rigueur, s'ils
font convaincus d'avoir arrêté l'extraction néceffaire.

Tous les Mineurs ont droit de faire
des recherches dans l'intérieur des travaux, pour découvrir de nouvelles
veines. Tout Habitant de la Vallée, en
vertu des anciennes chartes, peut faire
la recherche des Mines, de toute efpece,
hors de l'étendue des Minieres communes. Lorfque les uns & les autres en ont
trouvé, la propriété leur en appartient ;
mais ils ne peuvent ouvrir ni puits ni
galerie, qu'à la diftance de neuf manches de pioche, de l'ouverture des travaux déjà exiftans dans les Mines.

Quoique la propriété des veines

D

appartienne à ceux qui les ont découvertes, néanmoins les Maires & Confuls font les maîtres, lorfqu'elles font en
exploitation, d'y envoyer le nombre de
Mineurs qu'ils jugent convenable; mais
à moins d'une injuftice criante, ce ne
devroit jamais être, qu'autant que le
filon eft abondant, & que l'extraction
de la Mine eft infuffifante; encore fau-
droit-il que ce fût toujours au choix,
& avec le confentement de ceux à qui
le travail appartient déjà.

Chaque Habitant a le droit d'être
admis aux travaux des Mines de la Vallée.
Les Etrangers ne peuvent y prétendre
fous aucun prétexte.

La vente de la Mine ne peut fe faire
que fur chaque placé ; c'eft-à-dire, à
l'entrée de chaque Minier; on y a établi
à cet effet des balances & des poids de
150 livres. Les Mineurs & les Voituriers
font punis, s'ils la vendent ou l'achetent

en chemin, & fans l'avoir pefée. Cependant on pefe rarement.

. Tout le commerce du Minerai eſt entre les mains des Voituriers de la Vallée, & de la Province de Languedoc. Ils montent aux Minieres avec leurs chevaux. Les Voituriers de la Vallée ont la préférence ; ils ne paient la Mine que cinq fols & demi par quintal de 150 livres ; on la vend fept fols & demi aux Forains.

Il eſt défendu à tout le monde, plus expreſſément encore aux habitans de *Sem*, d'acheter du Minerai fans avoir la voiture préfente pour le charger incontinent.

Les habitans de *Sem*, ainſi que ceux du reſte de la Vallée, ne peuvent acheter chaque jour que deux quintaux de Mine par chaque cheval ou mulet qu'ils conduifent, lorſqu'ils veulent la tranſporter hors de la Vallée. Si elle doit y être

confommée, ils ont la liberté d'en acheter fix quintaux par cheval.

Ce n'eft que pour les befoins de la
Vallée, ou pour l'échange du charbon
avec les habitans du Couzerans, qu'il
leur eft libre de faire des approvifionne-
mens de Mine.

On ne reçoit point les Voituriers du
Couzerans à venir charger de la Mine
dans la Vallée. Le Couzerans abondoit
en bois ; il n'avoit pas de Mines de
fer : la Vallée de Vicdeffos en exploitoit
de très-riches ; elle manquoit de bois
pour l'aliment de fes Forges ; cette pofition, de deux pays limitrophes, donna
lieu à un traité d'échange entre le
Comté de Couzerans & de Cominges,
& la vallée de Vicdeffos. Il fut conclu
en 1347. Par ce traité, le Comte s'obli-
gea de fournir du charbon aux habitans
de la Vallée, en retour, & pour une
quantité de Mine convenue, que les

feuls habitans de Vicdeffos feroient en droit d'apporter dans fes Forges. Cet échange fubfifte encore aujourd'hui, & fait la feule reffource de cette Vallée.

C'eft aux *Jurats* à conduire les accu-fés & les témoins au pont de Vicdeffos, lorfqu'il arrive quelque délit, ou contra-vention. Le Maire & les Confuls vont les y recevoir ; on les mene à l'Hôtel de Ville, où ils font jugés fommairement. Les Parties paient les vacations des Officiers Municipaux & des *Jurats* (1).

Tel eft, en abrégé, le Code des Mineurs de la vallée de Vicdeffos. Il feroit, à peu de chofe près, bien fuffifant pour main-tenir le bon ordre parmi eux, fi l'in-térêt particulier, qui l'emporte toujours fur le bien général, ne tendoit fans ceffe à enfreindre la loi, & ne fuggéroit

---

(1) Cet article eft tombé en défuétude ; il eft fans exemple que les Confuls exigent aucunes vacations des Mineurs.

mille moyens de l'éluder. La difficulté
de furveiller les *Jurats* eux-mêmes, dans
l'exercice de leurs fonctions dans les
Minieres, eft une des principales caufes
des abus qui s'y commettent, & peut-
être un des vices les plus effentiels de
ces reglemens. Si l'on ne peut efpérer
de les prévenir en entier, il eft dumoins
poffible de s'oppofer à ceux qui intéreffent le plus le bien général, & qui
feroient des vrais obftacles à la meilleure
& à la plus abondante fabrication du
fer.

DES DIFFÉRENTES QUALITÉS DE LA MINE,

ET DES NOMS

SOUS LESQUELS ELLES SONT CONNUES.

AVANT que de donner une notice de toutes les efpeces, & des variétés de minéraux que j'ai pu recueillir aux Mines de *Rancié*, j'ai cru qu'il feroit utile de faire connoître la nomenclature des Mines de fer, ufitée parmi les Mineurs & les Forgerons du Comté de Foix. Sans cette connoiffance, un étranger ne parviendra jamais à fe faire entendre de ces bonnes gens. Quels progrès pourroit-on attendre de leurs travaux fans ce préliminaire, fi jamais le Gouvernement daignoit étendre jufques à ce peuple Mineur fa bienfaifance & fes foins paternels ?

D'après les notions les plus ordinaires des Mineurs & des Forgerons du Comté de Foix, on peut divifer en trois claffes toutes les Mines de fer qui y font exploitées ; favoir, les Mines *Fortes* ou *Ferrues*, les Mines *douces* ou *noires*, & les *Anis* ou Mines pauvres. Ces trois qualités peuvent même être réduites à deux, à l'hématite & à la Mine de fer fpathique, parce que les *Anis* ne défignant que les Mines pauvres, embraffent & comprennent celles de cette nature que préfentent ces deux qualités.

La Mine riche, *forte* ou *ferrue*, n'a pas toujours le même degré de richeffe & de bonté. Sous cette dénomination font comprifes toutes les variétés d'hématite. Celle qui eft la plus noire, la plus unie, la plus compacte, la plus pefante, eft auffi la plus prifée. Elle donne beaucoup de fer, & d'excellente qualité. Mais feule, & fans mêlange de Mines fpathiques, & d'autres Mines mêlées de fpath calcaire, ou fortement imprégnées de manganefe, ces hématites rendent fort peu de fer ; elles font de très-difficile fufion. Et lorfqu'elles font enfin liquifiées, elles ont tant de tenacité, qu'elles ne peuvent fe débarraffer des fcories qu'elles entraînent avec elles (1). Du refte, ce font elles qui donnent le plus d'acier, & le meilleur.

On appelle *Lauzude*, (dérivé de *lauze*, ardoife) l'hématite noire fchifteufe. Elle a les qualités & les défauts des hématites riches. Les Forgerons ont obfervé, que lorfque cette variété abonde; le fer qui en provient, fans être caffant,

_____

(1) Quoique ce que je dis des hématites foit généralement vrai, on peut cependant alléguer quelques exceptions; rares à la vérité, & qui peuvent dépendre de plufieurs circonftances particulieres. M. Vergnies de Bouifchere a vu fa Forge rendre beaucoup de fer, & de bonne qualité, dans un temps où on n'y travailloit que des hématites. Dans ce cas, les hématites pauvres fervent de fondant aux autres; & lorfque les fcories ont trop de tenacité, on les divife, en répandant fur le feu de la pouffiere de Mine.

ne fe lie pas bien. Il eft fchifteux comme fa Mine ; il ne fe caffe pas, mais il fe forme par lits ; & ces lits ne fe foudent jamais entr'eux, pour tant qu'on les corroie.

Luzentié eft le nom fous lequel font connues toutes les Mines de fer micacée. On la tiré, fans doute, du brillant métallique de cette Mine. Elle a été long-temps réputée, comme dangereufe pour la fonte. Aujourd'hui, on l'emploie fans crainte, & même avec fuccès, dans toutes les Forges.

C'eft aux hématites cellulaires, qu'on a donné le nom de *Mines brûlées*. Elles font peu eftimées, à raifon de leur mêlange avec des portions de Mine de cuivre, appelée *Verdet*.

Les *Mines cordées* ne font autre chofe, qu'une hématite difféminée dans un jafpe groffier, & impur, d'une dureté extrême, & fingulierement réfractaire. On fent bien que cette forte de Mine n'eft pas recherchée.

Par *Mines douces*, *Mines noires*, on entend les diverfes Mines fpathiques. La brune & la noire, font les plus abondantes ; la blanche & la grife font très-rares. Pour exprimer la bonté de ces Mines, les Forgerons difent qu'elles font *gra de gabaich* (1), (grain de blé farrazin) Mais ce nom eft une erreur. Ils le prennent de la reffemblance groffiere, des lames rhomboïdales du tiffu de ces Mines, avec la figure de la femence du blé farrazin. Or, cette figuration des parties de la Mine fpathique, ne peut influer en aucune maniere fur la bonne ou mauvaife qualité de ces Mines, elle n'en eft même pas un indice.

(1) C'eft le nom vulgaire du blé farrazin. *Polygonum*, *Fagopyrum*. *Lin.* Sa femence eft, à-peu-près, triangulaire.

Ce qui eft hors de doute, & que l'expérience leur a appris, c'eft que ces Mines font les meilleures, & les plus pures; qu'elles fe fondent très-aifément: que ce font elles qui rendent le plus de fer, qu'il eft très-liant & très-du&ile. Elles fervent encore à corriger & mitiger la grande tenacité, & l'âpreté des hématites, avec lefquelles on a grand foin de les mêler, lorfqu'on le peut. Traitées feules, elles ne donnent prefque jamais de l'acier, fur-tout lorfqu'elles font entierement noires. C'eft dommage que cette excellente qualité de Mine ne foit pas plus abondante aux Mines de *Rancié*. Il eft des temps où elle y eft très-rare.

Le *Bedel* eft une Mine terreufe, qui fert de noyau aux grands blocs d'hématite. Elle devient noire par le grillage, & l'eft quelquefois à l'extra&ion. Le volume de ces noyaux varie beaucoup.

Il y en a qui pefent plus de cent quintaux. J'ai vu dans le cœur d'un bloc
énorme d'hématite, un grand amas d'argille pulvérulente, légérement martiale,
& fingulierement atténuée.

Sous la dénomination d'*Anis*, font
comprifes toutes les Mines pauvres,
& que le préjugé, ou l'expérience font
regarder comme telles.

La Mine de fer hepathique eft connue fous le nom de *Féche*, (foie.) Elle
eft réputée comme de la plus mauvaife
qualité; ne donnant que du fer aigre,
caffant à froid & à chaud. Les Forgeurs
appellent ce fer *Magagne*.

L'ochre martiale eft profcrite, à-la-
fois, de l'exploitation, & des Forges;
parce qu'on la regarde comme très-
pernicieufe pour la fonte. Sa couleur
lui a mérité le nom de *Flou de ginefte*,
(fleur de genêt.) Le plus fouvent elle
eft mêlée aux Mines *brûlées* ou hématites cellulaires.

Il s'en faut bien que les *Anis*, ou Mines pauvres, foient tous les mêmes. Les uns font remarquables par leur pefanteur, qu'ils doivent au jafpe groffier qui en fait la bafe. Comme ils ne contiennent que très-peu de fer, & qu'ils donnent beaucoup de fcories très-tenaces, ils mettent la fabrique en défordre; tel eft le motif qui les en éloigne. D'autres *Anis* au contraire, font très-légers & caverneux. Ce font diverfes chaux de fer, & diverfes Mines de manganefe. Il y a très-peu de Forgerons, bien moins encore de Propriétaires de Forges, qui connoiffent ces *Anis* fous un autre nom; & qui fachent que les Mines de manganefe, ne font point une Mine de fer. Mais ils favent, & l'expérience le leur a appris, que ces fortes d'*Anis*, bien loin de nuire à la fonte, facilitent la fufion des Mines *fortes* ou hématites, & qu'ils ne fauroient nuire que par leur furabondance.

La pyrite fulfureufe , porte le nom de *Marcaffine.* On la trouve en maffes folides , & amorphe , dans l'exploitation des hématites, dans lefquelles elle eft auffi diffeminée.

Toutes ces Hématites font recouvertes, la plupart du temps, de fpath calcaire , amorphe ou cryftallifé. Les Mineurs, quelle que foit fa difpofition & fa figure, le connoiffent fous la dénomination de *marbré.*

On rencontre quelquefois des hématites, dont les feuillets font mous comme de la boue. Ils durciffent à l'air libre. Cet accident eft bien plus fréquent dans les Mines de manganefe.

L'hématite rouge , fi commune prefque par-tout où l'on exploite des Mines de fer en roche , manque abfolument à *Rancié.* M. Vergnies de Bouifchere vient d'en découvrir un filon puiſſant, dans une montagne de Granit de la Vallée.

Ces différentes qualités de Mine, ne ſe trouvent point pêle-mêle, ni dans les mêmes filons ou amas. Elles ſont conſtamment ſéparées les unes des autres. Les hématites ne vont jamais avec les Mines ſpathiques. Celles-ci adhérent fortement à la roche ; les hématites, au contraire, en ſont détachées. Elles ſont toujours recouvertes d'une couche mince d'argille, ou de ſpath calcaire friable.

Je ne ſache pas qu'on ait trouvé dans ces Mines, ni Aimant, ni Mine de fer attirable.

CATALOGUE

CATALOGUE
Des Mines de Fer , & des Minéraux de la montagne de Rancié.

A

Chaux de fer pulvérulente , jaune.

Chaux de fer pulvérulente , d'un rouge de cinabre.

Chaux de fer pulvérulente, d'un pourpre fombre.

Chaux de fer pulvérulente, brune.

Chaux de fer pulvérulente , olivâtre.

Chaux de fer pulvérulente , noire , veloutée.

Nota. Elle eft fuperficielle , & donne l'éclat du velours aux cavités des Mines, qu'elle tapiffe. Ce font les vraies & feules.

Fleurs d'hématite. Romé Delîle , Defcrip. des Miner. pag. 143 *, Efp. XIV. O. & 3.*

Chaux de fer folide , jaune.

Chaux de fer folide, jaunâtre.

Chaux de fer folide, mêlée de jaune & de rouge.

Chaux de fer folide , noirâtre.

E

B

Hématite bleuâtre, à grain d'acier.

Hématite bleuâtre, à gros grains.

Hématite bleuâtre, à surface guillochée.

Hématite bleuâtre, tuberculée.

Hématite bleuâtre, teftacée, ou en couches minces.

Hématite bleuâtre, teftacée, à couches concentriques.

Hématite bleuâtre, compofée d'un affemblage de petits cryftaux, polyèdres brillans.

Mine de fer micacée, bleuâtre, à très-petites écailles.

Mine de fer micacée, bleuâtre, à écailles moyennes.

Mine de fer micacée, bleuâtre, à grands & larges feuillets.

Mine de fer micacée, bleuâtre, à feuillets contournés.

Mine de fer micacée, bleuâtre, dont la difpofition des écailles forme des ftries.

Mine de fer micacée bleuâtre, dont les petites lames quarrées imitent le tiſſu de la galène.

Mine de fer micacée bleuâtre, en petites lames rondes, ſolitaires & grouppées.

Mine de fer micacée brune, à grands & larges feuillets ſuperficiels.

Mine de fer ſpéculaire.

Nota. Elle n'eſt point cryſtalliſée ; mais elle eſt auſſi brillante & auſſi unie que l'acier le mieux poli.

Hématite brune, ſolide, amorphe.

Hématite brune, ſolide, fibreuſe.

Hématite brune, ſolide, ſphérique.

Hématite brune, ſolide, feuilletée.

Hématite brune, ſolide, avec des dendrites noires.

Hématite brune, ſolide, à couches concentriques.

Hématite brune, ſolide, ſpongieuſe.

Hématite brune, ſolide, cellulaire.

Hématite brune, ſolide, cloiſonée.

Mine de fer micacée. rouge, ou *Eiſeram.*

Nota. Je n'ai rencontré , qu'une feule fois , cette efpece aux Mines de *Rancié.*

Hématite noire , folide , amorphe.

Hématite noire , folide , à feuillets.

Hématite noire , folide , tuberculée.

Hématite noire , folide , mammelonée.

Hématite noire , folide , fphérique.

Hématite noire , folide , à furface liffe & polie.

Hématite noire , folide , à furface matte & granulée.

Hématite noire , folide , à furface , ornée de dendrites brillantes & argentines (1).

---

(1) On m'a fouvent demandé , & j'ai défiré moi-même de connoître , par l'expérience , quelle eft la fubftance qui forme ces belles dendrites , dont l'éclat argentin , contrafte fi bien avec le fonds noir velouté fur lequel elles font pofées. Je n'ai pu parvenir , par aucun moyen , à détacher ces dendrites. La matiere dont elles font formées eft trop atténuée , & en trop petite quantité. Je croirois volontiers , que ce n'eft qu'une chaux argentée de manganefe ; d'autant que , comme elle , ces dendrites noirciffent bientôt à l'air libre.

Hématite noire, folide, à facettes irrégulieres.

Hématite noire, folide, en aiguilles fines & déliées.

Hématite noire, folide, en tuyaux ftalactiformes.

Hématite noire, folide, en grappes.

Hématite jaune, amorphe.

Hématite jaune, à furface tuberculée.

Hématite rougeâtre, folide, jafpioïde.

Nota. Elle a le tiffu & la couleur du jafpe.

Hématite rougeâtre, folide, à ftries brillantes.

Hématite colorée d'un rouge vif brillant, fuperficiel.

Nota. On diroit que c'eft du cuivre de rofette poli.

Hématite panachée de jaune, de bleu, de verd & de rouge, fur un fonds doré brillant.

C

Fer Minéralifé, par l'acide aérien, ou

Mine de fer fpathique, amorphe, blanche.

Mine de fer fpathique, jaunâtre.

Mine de fer fpathique, brune.

Mine de fer fpathique, brune & chatoyante.

Mine de fer fpathique, pourpre.

Mine de fer fpathique, bleuâtre.

Mine de fer fpathique, noirâtre.

Mine de fer fpathique, à grandes lames rhomboïdales, blanche.

Mine de fer fpathique, à petites lames, grife.

Mine de fer fpathique, à lames moyennes, brune.

Mine de fer fpathique, à très-grandes lames, violette.

Mine de fer fpathique cryftallifée, en parallélipipedes rhomboïdaux.

Nota. Ces parallélipipedes rhomboïdaux, tantôt font faillans, & n'adherent à la gangue que par un côté; tantôt ils y font engagés, & ne préfentent qu'un de leurs angles folides : ce qui, comme l'a très-bien remarqué M. Romé Delîle (1), les a fait prendre pour des pyramides triangulaires. J'en ai vu de toute grandeur ; ils font le plus fouvent recouverts, d'une chaux de fer noire, & veloutée, ou de chaux de manganefe argentée.

PYRITES.

Fer minéralifé par le foufre, ou pyrite fulfureufe, folide, amorphe.

Pyrite fulfureufe, folide, granulée.

CUIVRE.

Chaux de cuivre verte foyeufe, en aiguilles grouppées, en faifceaux divergens.

Nota. Rien de plus rare à *Rancié* que cette Mine.

MANGANESE.

A

Manganefe réguline, ou régule de manganefe natif (2).

(1) Cryftalog. tom. III, pag. 284, note 202.

(2) Voyez mon Mémoire fur cette Mine rare, parmi ceux de l'Académie des Sciences de Touloufe, Tome premier.

B

Chaux de manganefe argentée brillante, en maffe.

Chaux de manganefe argentée, en végétation.

Chaux de manganefe argentée, grisâtre.

Chaux de manganefe argentée, rougeâtre.

Chaux de manganefe, brune, folide.

Chaux de manganefe, brune, feuilletée.

Chaux de manganefe, brune, en végétation (1).

---

(1) Ce font toutes ces variétés de Mines de manganefe que M. Romé Delîle avoit nommé d'abord *fleurs de fer*, dans un Catalogue de Minéraux, pour une vente publique faite en 1772, p. 177. Cette nouvelle dénomination fit monter quelquesuns de ces morceaux jufques à 200 liv. Dans fa Defcription de Minéraux, publiée en 1773, ce Savant a fubftitué à ce nom, celui de *fleurs d'hématite*. Il a reconnu depuis fon erreur dans fa Cryftallographie, tom. III, pag. 107, note 86. Je crois être le premier qui ai conftaté la nature de cette fubftance, & qui lui ai affigné, d'après l'expérience, fa véritable place.

M. Sage, dans fa Minéralog. Docimaftique

Chaux de manganefe, brune en aiguilles
très-déliées.

Chaux de manganefe noire, en maffe.

Chaux de manganefe noire, en couches
concentriques.

Chaux de manganefe noire, en canons
ftalactiformes.

C

Manganefe folide, brune, poreufe.

Manganefe folide, noire & fpongieufe.

Manganefe folide, noire, cellulaire.

Manganefe folide, noire, feuilletée.

Manganefe folide, noire, vitreufe.

Manganefe folide, noire, mammelonée.

feconde édition, tom. II, pag. 195, a auffi rangé
ces chaux de manganefe, parmi les Mines de fer. Il
en a fait fa douzieme efpece. Ce qu'ajoute cet habile
& ingénieux Chymifte me paroît bien extraordinaire. Ces fleurs d'hématite, ou Mines de fer fpongieufes brunes, produifent, dit-il, *43 livres de fer
ductile au quintal*. On connoît l'exactitude de M.
Sage dans fes Analyfes. S'il a fait lui-même celle
de cette Mine, furement il s'y eft gliffé quelque
erreur confidérable.

Manganese solide, noire, en canons
ftalactiformes.

Manganese solide, noire, spéculaire, à
surface polie & brillante.

Manganese solide, rougeâtre, en couches concentriques.

Manganese solide, bleuâtre, brillante,
à grain d'acier.

Manganese solide, bleuâtre, compacte.

Manganese solide, bleuâtre, en grappes.

D

Manganese cryftallifée en prifmes tetraèdres rhomboïdaux, tronqués net
à leurs bafes.

Manganese cryftallifée, dont les prifmes
font agrégés, en faifceaux coniques.

Manganese cryftallifée, en aiguilles ca-
pillaires brillantes & fragiles.

Manganese cryftallifée, en mammelons
noirs, & veloutés à leur furface.

Manganese cryftallifée en longs prifmes
tetraèdres, brillans & folides.

Manganese cryſtalliſée, ſtriée.

Manganese cryſtalliſée, étoilée.

Manganese cryſtalliſée, en dendrites.

Manganese cryſtalliſée, ſatinée (1).

Manganese cryſtalliſée en lames brillantes rhomboïdales, grouppées en forme
de pyramides (2).

SPATH CALCAIRE.

Spath calcaire blanc, amorphe.

(1) Tous les Curieux qui ont viſité mon cabinet,
ont admiré cette variété de manganeſe, auſſi agréa-
ble, que peu connue. Elle n'eſt point *lamelleuſe*,
tant s'en faut, ainſi que le prétend M. Romé Delile.
Cryſtallog. tom. III, p. 106, note 82. Ce Savant
eût pu, dumoins, prendre une idée de cette Mine
brillante, par la deſcription que j'en ai donné, dans
le Mémoire qu'il cite.

(2) J'ai cru inutile de rapporter ici de plus grands
détails, au ſujet de toutes ces variétés de Mines de
manganeſe, qu'on trouve à *Rancié*. Si on en déſire,
on peut conſulter mon Mémoire ſur diverſes man-
ganeſes des Pyrénées, inſéré dans le Journal de
Phyſique 1780, tom. XV, pag. 67.

Spath calcaire cryſtallifé, en parallélipipedes rhomboïdaux, parfaitement
diaphanes.

Spath calcaire cryſtallifé, en parallélipipedes rhomboïdaux opaques & très-
grands.

Nota. Et pluſieurs variétés, dues à diverſes tron-
catures.

Spath calcaire cryſtallifé en priſmes
hexaèdres, terminés par des pyramides trièdres, à plans rhombes.
Romé Delíle Cryſtall. tom. 1, p. 503.

Spath calcaire lenticulaire hexagone,
formé de deux pyramides trièdres,
obtufes, à plans rhombes, jointes par
leurs bafes, qui alternent entre elles.

Spath calcaire en gros cryſtaux dodé-
caëdres, à plans pentagones, prefque
égaux.

Spath calcaire à pyramides hexaèdres,
aiguës, vulgairement appelé *dents de
cochon.*

J'aurois encore pu augmenter ce Catalogue d'un grand nombre de variétés,
dues principalement au mêlange & à la
rencontre de plufieurs efpeces, ou variétés fur un même morceau. J'ai penfé
que ce feroit, dans ce moment, étaler un
luxe fuperflu. Je me fuis également
abftenu de parler des gangues, parce
que les différentes Mines de fer s'en
fervent entre elles ; & le font toujours,
pour toutes les autres efpeces, de minéraux quelconques, qu'on trouve dans
ces Mines.

CONSIDÉRATIONS

SUR L'EXPLOITATION DES MINES
DE LA VALLÉE DE VICDESSOS.

SI j'ai pu jufques ici donner une jufte idée des Mines de *Rancié*, on doit fentir quelle eft leur importance, non-feulement pour le Pays où elles font fituées ; mais encore pour toutes les Provinces voifines, qui en tirent l'aliment de leurs Forges. Nous devons donc défirer que leur exploitation foit fi bien dirigée, qu'on puiffe efpérer de la prolonger pendant une longue fuite de fiecles. Nous devons auffi tourner nos regards vers les nombreux Mineurs qui y puifent leur fubfiftance. L'inftruction feule peut les garantir des accidens terribles, qui leur font fi funeftes ; le défaut de lumieres dans l'art qu'ils exercent, leur négligence, & l'amour mal entendu du gain , en font les principales caufes.

Confinés à l'extrêmité du Royaume , n'ayant dans leur territoire d'autre patrimoine que ces Mines , les nombreux Habitans de cette Vallée ne peuvent abfolument fubfifter que par leur exploitation. Si jamais elles venoient à tarir , ou , ce qui feroit un mal auffi grand , fi on ne pouvoit les extraire , avec facilité , & à vil prix , ils feroient forcés de porter au-dehors leurs bras & leur induftrie ; parce que leur fol ne leur préfente aucun autre moyen de pourvoir à leurs befoins.

Ces affertions demandent d'être développées , & appuyées de quelques détails , pour qu'on puiffe fe pénétrer de toute leur importance.

Quoique tous les Habitans de cette Vallée ne foient pas Mineurs , ils n'en tirent pas moins des Mines toutes leurs

reſſources. D'abord les Mineurs ſont
pour la plupart des peres de famille, &
c'eſt par ce travail qu'ils fourniſſent à leur
entretien. Le tranſport de la Mine occupe
un grand nombre de perſonnes dans la
Vallée, & au-dehors. Enfin, le ſervice
des Forges, & tout ce qui y eſt relatif,
eſt l'apanage des Habitans de la vallée
de Vicdeſſos ; ils ſe répandent, non-
ſeulement dans les autres Forges du
Comté, mais encore dans celles du
Languedoc, du Couzerans, juſques
dans le Béarn, &c. Ainſi l'extraction
de la Mine, & ſa conſommation, ſont
le ſeul & véritable patrimoine des Habitans de la vallée de Vicdeſſos.

Le ſuccès de cette extraction tient
particulierement à une cauſe locale, &
c'eſt cette cauſe qu'il faut faire connoître, pour lui attirer toute la faveur
qu'elle mérite. Les cinq Forges de Vicdeſſos répandent tous les ans, dans la
Vallée,

Vallée, un numéraire d'environ 200,000 livres. Les Habitans des villages de *Sem*, *d'Olbié*, & de *Goulié*, ceux-là même qui font les feuls qui embraffent la profeffion de Mineur, font les plus pauvres de la Vallée. Les propriétaires des Forges de Vicdeffos connoiffent tous ces Mineurs ; ils ont le plus grand intérêt à la confervation des Mines, par le bénéfice qu'ils en retirent. Ils font donc des avances confidérables aux Mineurs, pour la recherche & la pour-fuite des nouvelles veines ; avances fans lefquelles elles feroient bientôt aban-données, & qui ne peuvent être faites que par des perfonnes qui en voient tous les jours le fuccès.

C'eft donc vers les Forges de Vicdeffos qu'il faut principalement diriger tous les encouragemens, puifque c'eft de leur profpérité que dépend l'exiftence des Mines & des Habitans de la Vallée.

F

Ces Forges n'ont à redouter que la difette totale du charbon. Les forêts de Vicdeffos font, à la vérité, dans un état horrible de dégradation. Mais jamais elles n'ont pu fournir aux cinq Forges, l'aliment qui leur eft néceffaire. Il y a d'ailleurs plus de trente ans qu'on ne charbonne point ces bois.

Ce fut fans doute cette puiffante confidération, qui détermina en 1347 le traité d'échange, que les Habitans de la Vallée firent avec ceux du Couzerans. Ceux-ci regorgeoient de bois ; ils en trouvoient un débouché infiniment profitable pour eux dans cet échange, puifqu'en donnant de leur fuperflu, ils fe procuroient une matiere dont ils manquoient abfolument, & avec laquelle ils confommoient à un gros intérêt les bois, qui, fans cette reffource, auroient pourri dans leurs forêts.

Ainfi ce font les Mines de Vicdeffos

qui , depuis cinq fiecles , alimentent les
Forges du Couzerans ; & depuis le
même temps , & par un jufte retour ,
ce font les forêts du Couzerans qui foutiennent feules les Forges de Vicdeffos.
La fucceffion des temps a fans doute
amené des révolutions qui pourroient
permettre aux Propriétaires des forêts
du Couzerans , de faire un ufage différent de leurs bois. Mais outre qu'ils font
libres de ceffer le travail de leurs Forges,
comment pourroient-ils vouloir , après
un titre auffi folemnel , que le traité
d'échange de 1347 , après une exécution paifible & conftante de ce traité
pendant plus de cinq fiecles ; comment ,
dis-je , oferoient-ils prétendre à obtenir
la réfiliation de ce traité ? Cependant
quelques particuliers la follicitent au
Confeil du Roi.

Si ces détails intéreffent peu ceux qui
ne chercheroient dans cet ouvrage , que

des notions fur une méthode de fabrication, qui leur eft étrangere , j'efpere
que tout Lecteur, vraiment Citoyen, me
faura gré de les lui avoir fait connoître.
J'avoue que je n'ai pu m'en défendre ,
lorfque je me fuis pénétré de leur importance. On ne peut en effet confi-
dérer , fans en être touché , les fuites
funeftes qu'entraîneroit après elle l'émigration prompte & néceffaire de ce
peuple, qui feroit forcé de porter chez
nos voifins fes bras , fon induftrie & fa
population.

Outre les défordres & les maux inféparables d'une pareille émigration , le
commerce des Provinces méridionales
du Royaume en recevroit un échec
particulier. Les fers fabriqués dans les
Pyrénées , avec la Mine de *Rancié* ,
peuvent entrer en concurrence avec les
meilleurs fers de l'Europe ; il eft même
hors de doute , que dans beaucoup de

cas ils devroient avoir la préférence,
fur-tout fi la méthode dont on fe fert
pour les Fabriquer, étoit portée à ce
degré de perfection dont elle eft encore
éloignée, même dans les Forges le
mieux conduites.

La défertion des Mineurs, & l'aban-
don des Mines de *Rancié*, feroit donc
un mal irréparable, puifque non-feulement la vallée de Vicdeffos, mais
encore prefque toute la Province de
Foix, n'exiftent que par ces Mines &
leurs Forges. Mais ce mal frapperoit
auffi fur le commerce de celle de nos
Provinces méridionales qui fabriquent
du fer avec ces Mines. Car au lieu de
faire circuler & de maintenir un numéraire confidérable dans leur intérieur
par cette fabrication, elles feroient
forcées de porter de très-groffes fommes
au-dehors, pour fe procurer les fers
dont l'Agriculture, les Arts & l'Eco-

nomie ne peuvent fe paffer , & cette importation n'eft déjà malheureufement que trop confidérable.

Il eft donc de l'intérêt bien entendu du Gouvernement , non-feulement de protéger , & de favorifer tout ce qui regarde la fabrication du fer dans les Pyrénées , mais encore de venir au fe- cours de ces établiffemens dans le Comté de Foix , & la vallée de Vic- deffos. Il en reçoit d'ailleurs un béné- fice net & réel , par l'impôt confidé- rable qu'il perçoit fur les fers, & fur la Mine même (1).

Je dois prévenir une objeftion qu'on ne manqueroit pas de faire , & qui feule fuffiroit pour arrêter les bonnes difpo- fitions d'un Gouvernement éclairé : objeftion qu'il eft facile de préfenter fous des couleurs féduifantes ; & qu'on

_____

(1) Les Mines de *Sem* , qui paffent en Languedoc , paient un droit de fept fols par quintal.

peut rendre d'autant plus grave, qu'elle eſt en général un principe avoué d'adminiſtration. Mais il n'en eſt point de la politique comme de la morale; ſes principes doivent plier ſuivant les circonſtances, & leur application ne ſauroit être univerſelle.

Il eſt d'une bonne politique, m'a-t-on dit, de ne point protéger, & de laiſſer à elle-même l'exploitation des Mines dans les Royaumes Agricoles. C'eſt le ſeul moyen de favoriſer l'agriculture, & de maintenir l'exiſtence des Peuples Mineurs, qui ne s'adonnent à cette profeſſion, que parce que leur ſol refuſe de leur fournir les produ&ions de premiere néceſſité; ils vont les chercher chez les Peuples Agricoles, qui reçoivent d'eux en échange, les métaux dont ils ont beſoin pour l'Agriculture & les Arts.

Il en eſt des Etats comme des particuliers. La fortune a été inégalement

départie. Les uns favorisés de tous les
bienfaits de la nature , jouissent d'un
ciel doux & serein , d'une terre qui n'a
besoin que d'être aidée , pour développer la plus heureuse fécondité ; si on
joint à la richesse du sol , celle que les
Arts utiles , ou agréables , & le produit
des manufactures apportent dans un état
ainsi constitué , il ne peut qu'être heureux & florissant ; son malheur ne peut
être imputé qu'à des mauvaises combi-
naisons , ou à quelques événemens
passagers.

D'autres au contraire , situés dans un
climat âpre & sauvage , ont un sol qui
ne présente que des montagnes & des
marais. la Terre & le Ciel semblent
s'être réunis pour refuser à ses Habitans
les productions même les plus nécessaires. La nature , qui sait toujours com-
penser un mal par un bienfait , a répandu avec abondance les plus super-

bes forêts, fur la furface de ces montagnes, & caché dans leur fein les Mines les plus riches. A la vérité, elle a auffi accordé l'un & l'autre au Pays Agricole ; mais il femble que c'eft avec plus d'économie & de réferve.

Une adminiftration éclairée doit donc fuivre, feconder même l'indication de la nature. Ce peuple affez fortuné pour fournir amplement à fes befoins, à fes commodités même, par le produit de la fuperficie de fon fol, doit laiffer à celui qui habite des régions moins heureufes, l'occupation de fouiller dans les entrailles de la terre, pour lui arracher ainfi la fubfiftance qu'elle femble lui refufer. L'intérêt des Nations le veut ainfi ; les Pays Agricoles fourniffent à ceux qui ne le font pas, & qui ne peuvent pas l'être, les objets de premiere néceffité. Les Peuples Mineurs donnent en échange aux Agricoles le produit de leurs Mines. Encourager les travaux des Mines chez les Peuples Agricoles, ce feroit rompre cet équilibre précieux, qui eſt la baſe de tout commerce & de toute ſociété entre les différens Empires de l'Europe.

Cette objeᵭion, qu'on ne m'accuſera pas d'avoir affoiblie, bien loin d'être contraire aux Habitans des Pyrénées qui s'adonnent à la recherche des Mines, & au travail des Forges, doit au contraire leur ſervir de défenſe, & leur mériter une proteᵭion plus ſpéciale.

Quelque fortuné & heureuſement ſitué que ſoit un vaſte & puiſſant Royaume, tel que la France, toutes ſes Provinces, tous les Pays dont il eſt compoſé, n'ont pas eu une égale part aux faveurs de la nature. Mere tendre &

libérale pour les Habitans de Languedoc, par exemple , elle femble avoir
traité en marâtre cruelle , les Monta-
gnards des Pyrénées ; ceux-ci forment
cependant un peuple confidérable , fi
on examine fa grande population, &
l'étendue totale de la chaîne, qui a près
de 80 lieues de longueur. Ils font pré-
cifément, eu égard à nos belles & riches Provinces , dans le cas des Nations Agricoles refpectivement aux Peuples Mineurs. Les premiers donnent à
ceux-ci leurs blés , leurs vins , leur huile,
leur laine , leur foie , & reçoivent en
échange du fer , du cuivre , de l'alun ,
&c. fruits de l'induftrie & de la néceffité. Ainfi , la politique s'accorde encore ici avec la raifon & l'équité, &
follicite pour les pays de montagne
en particulier , cette protection & ces
encouragemens que la nature les a mis

dans le cas de réclamer; en un mot, il
faut, en adminiſtration, les conſidérer
& les traiter comme les états Mineurs (1).

On peut encore inſiſter & propoſer
une objeƈtion moins générale, & qui
nous touche de plus près. Dans les
Etats Agricoles, on n'a cherché, dans
quelques endroits, à exploiter des Mines, que pour ſe procurer la conſommation des bois. Cette denrée n'eſt plus
abondante comme autrefois. Le luxe,
l'égoïſme, ou l'amour déſordonné d'une

(1) La population eſt immenſe dans les Pyrénées;
ces peuples cultivent leurs terres avec un ſoin extrême ; mais elles ne peuvent ſuffire à leur nourriture.
Ils tirent tous les ans des Provinces voiſines, une
très-grande quantité de grain ; la vallée de Vicdeſſos
ſeule en importe chaque année plus de 12000 ſetiers.
Ces peuples ne peuvent donc ſubſiſter que par le
produit de leurs Mines ou de leur commerce,
c'eſt à ces reſſources qu'eſt due, en partie, leur
étonnante population.

jouiffance prompte & exclufive, & l'in-
fouciance de l'avenir, qui font fes principaux effets, ont dégradé nos forêts.
On étoit forcé jadis, de laiffer périr fur
pied les plus beaux arbres ; aujourd'hui
on a creufé des canaux , percé par-tout
des routes fûres & commodes, & le
propriétaire peut ainfi amener dans les
Villes une denrée , qui a acquis d'autant plus de valeur , qu'elle eft devenue plus rare.

Ces faits font vrais ; la difette du
bois eft grande, fon prix par conféquent très-haut. Une libre communication eft ouverte de tous côtés, fur-
tout en Languedoc. Ces confidérations
n'affoibliffent point l'intérêt qu'une adminiftration fage doit porter à nos
Forges des Pyrénées.

D'abord c'eft dans les grandes Villes
principalement , que fe fait fentir cette

difette & cette cherté du bois ; il n'y a
prefque pas de Villes de cet ordre, dans
l'enceinte , ou aux pieds des Pyrénées.
Quelques belles que foient les routes,
les frais de tranfport du bois, j'entends
du feul qui fe confomme pour le chauffage , excéderoient de beaucoup le bénéfice qu'en retire le propriétaire , en
le vendant dans les lieux circonvoifins
de fes forêts. Les environs de Foix, par
exemple , font très-bien boifés , & les
taillis y font entretenus avec foin. Ces
bois, en même-temps qu'ils font d'une
utilité extrême pour les Forges, font
la richeffe des Propriétaires. Sans ces
Forges , ils refteroient invendus. Le
grand éloignement des Villes , en rend
le tranfport impraticable. D'ailleurs il
n'y a prefque pas de routes dans les
montagnes. Ce font le plus fouvent des
fentiers pénibles, fur lefquels on traîne,

ou plutôt on précipite le bois. Dans les lieux où il y a des forêts de fapin ou de hêtre, qu'on doit foigneufement réferver pour la conftruction, il feroit poffible, fans dégrader les pieces d'é-quarriffage ou les rondins qu'on doit débiter en planches, d'y faire encore une quantité immenfe de charbon. On laiffe pourrir dans les forêts, une partie du tronc, & toutes les branches des arbres. Plus de foin & d'économie fau-roient mettre à profit ces dépouilles, perdues pour l'induftrie. Les Forges confomment, il eft vrai, une grande quantité de charbon; mais outre que les bois, qu'on convertit à cet ufage , ne fauroient arriver dans les Villes où la difette de cette denrée fe fait fentir, elle eft la même, & quelquefois plus grande encore dans plufieurs autres par-ties des Pyrénées, où il n'y a point de

Forges , ni d'autres Ufines de cette
efpece. Ainfi , ce n'eft point fur les
Forges feules qu'il faut rejeter la difette
du bois & l'épuifement des forêts.

Après avoir repouffé les objeƈions
qui auroient pu éloigner des Mines &
des Forges des Pyrénées, la faveur, que
la pofition & les befoins de leurs Habitans , les mettront toujours dans le
cas d'attendre d'une adminiftration
vraiment éclairée , il ne me refte plus
qu'à propofer les moyens qui m'ont
paru les plus convenables, pour améliorer la condition des Mineurs de la
vallée de Vicdeffos , & leur procurer
l'inftruƈion qui leur eft fi néceffaire.

Les Mineurs de la vallée de Vicdeffos font des payfans groffiers, qui
cherchent la Mine au hafard, & l'arrachent fans précaution , comme fans
connoiffance. Ils n'ont d'autre théorie
que

que la tradition & la routine. Ils ont donc befoin d'être inftruits & dirigés.

A la vérité, des Savans & des Infpecteurs ont, de temps à autre, vifité les Mines & les Forges du Comté de Foix. Il ne fauroit réfulter de grands biens de ces voyages, toujours difpendieux. Lorfque l'on eft forcé de paffer avec rapidité, & de voir beaucoup de chofes en peu de temps, on n'a pas le loifir d'étudier les détails, d'obferver les vices & les abus, de réfléchir fur les améliorations & les changemens néceffaires ou praticables. Il eft d'ailleurs impoffible à un étranger de vaincre certains obftacles. L'Ouvrier foupçonneux & méfiant ne le voit que de mauvais œil; & bien loin de fe communiquer avec lui, il cherche au contraire à lui faire myftere de tout. Comment d'ailleurs fe faire entendre? Chacun parle un idiôme

G

différent. Ce ne font donc pas de tels voyages, qui procureront aux Mineurs l'inftruction qui leur eft fi néceffaire.

L'efpoir d'une récompenfe attireroit, fans doute, les Mineurs de la vallée de Vicdeffos dans une Ecole, pourvu toutefois qu'ils fuffent défrayés par le Gouvernement. De tous les moyens qu'on pourra choifir pour les éclairer, le plus effentiel, le feul même, par lequel on puiffe efpérer d'y réuffir, c'eft la perfuafion & la douceur. Il faut d'abord les prévenir, les raffurer & les convaincre, que bien loin d'en vouloir à leur propriété, on n'a d'autre défir que de la conferver ; & qu'on ne cherche qu'à leur donner les moyens d'en ufer avec plus de fureté, plus d'économie & plus d'abondance. Mais qu'on ne fe flatte pas ; on ne viendra jamais à bout de cette entreprife fans le fecours

d'une perſonne de la Vallée, aſſez éclairée pour ſentir l'avantage de cette ré-
forme ſalutaire, aſſez familiere, & aſſez
habituée avec les Mineurs, pour qu'ils
aient en elle une entiere confiance.

Ce préliminaire rempli, je croirois
néceſſaire de leur envoyer un Ingénieur
ſouterrain qui pût rechercher les abus &
les dangers des anciens travaux, tracer
le plan des nouveaux , & régler toutes
les opérations des Mineurs. A cet Ingénieur, il faudroit joindre quatre Mineurs habiles ; il importe, ſur toutes
choſes, que ces perſonnes n'aient aucune part à l'exploitation, & qu'elles
ne ſoient pas à la ſolde des Mineurs. Il
ne ſeroit pas difficile de leur procurer
un traitement honnête, qui ne fût point
onéreux à l'Etat. Mais il ne ſeroit pas
prudent de faire contribuer les Mineurs
à la moindre dépenſe , quelqu'avanta-

geufe qu'elle pût être pour eux. Il faut les inftruire , les éclairer, les rendre meilleurs, mais fans changer leur état actuel.

Pour mieux réuffir encore , il feroit très-convenable de les laiffer toujours fous l'autorité des Confuls de Vicdeffos. Accoutumés à cette difcipline, & à ce Gouvernement populaire, on feroit plus affuré de leur docilité & de leur fou- miffion. L'Ingénieur & le Maître Mi- neur feroient connoître à ces Officiers Municipaux ce qu'il importeroit de changer, ou de corriger ; les Mineurs étrangers, chacun à la tête d'une bande de Mineurs du pays, exécuteroient les plans tracés par l'Ingénieur , & arrêtés avec les Confuls. Il feroit enjoint aux *Jurats* de s'y conformer. Par cet ordre, l'exemple des Mineurs étrangers fervi- roit de leçon aux Mineurs de la Vallée.

Ils s'attacheroient fpécialement à former les enfans, & les jeunes Mineurs, aux diverfes parties de leur profeffion. Ainfi, peu à peu s'établiroit une réforme profitable ; ainfi s'éleveroit infenfiblement une nouvelle génération de bons Mineurs. Il leur fuffiroit dans les fuites d'avoir à leur tête un Ingénieur, & un bon Maître de Mines.

Voilà tout ce qui concerne l'exploitation, la nature & la qualité des Mines de la vallée de Vicdeffos. On me pardonnera peut-être l'étendue que j'ai donné à cette Partie, en faveur de l'attachement particulier que m'a infpiré ce Peuple Mineur. Quoique j'aie été fur le point d'éprouver les terribles effets de fa défiance, & d'être le martyr de ma curiofité, je l'ai trouvé bon, généreux & fincere. J'ai connu fon fort ; j'ai vu les malheurs dont il eft

menacé : je n'ai pu me défendre d'y
prendre le plus vif intérêt. Je n'ai que
des vœux à former pour fa profpérité.
Ils font ardens & finceres ; ce font les
élans d'un cœur citoyen & fenfible.

TRAITÉ

SUR LES FORGES A FER

DU COMTÉ DE FOIX.

SECONDE PARTIE.

DE LA FORGE.

Pour que l'on puiſſe obtenir de l'établiſſement d'une Forge tout le bénéfice qu'on a droit de s'en promettre, il faut chercher le concours de trois circonſtances principales. 1°. Le voiſinage d'un volume d'eau, ſuffiſant dans tous les temps de l'année, avec une chûte naturelle, autant que faire ſe peut. 2°. Une diſtance peu éloignée de la

Mine. 3°. La facilité de se procurer du charbon.

En effet, si l'eau est maigre, comme cela arrive presque toujours en été dans la plupart des Forges, le chommage de deux ou trois mois cause un grand préjudice au propriétaire. Une chûte d'eau *naturelle* lui évite de grandes dé-penses & une cessation de travail trop souvent répétée. J'ai vu des Forges, où l'eau est amenée de loin, par un bief de charpente très-considérable, & par cela même très-dispendieux.

L'éloignement de la Mine en rend le transport très-coûteux, & l'appro-visionnement difficile. Il en est de même pour le charbon. Quelquefois l'abon-dance, & par voie de suite, le bas prix de l'un, compense la cherté de l'autre. C'est ainsi qu'à *Vicdessos*, où le charbon est aussi rare que cher, la Mine ne coûte qu'environ 12 sols le quintal, de

150 livres, rendue dans la Forge ; tandis qu'à *Belesta*, à *Mérial*, où le charbon est commun, & presque à pied d'œuvre, le prix de la Mine est au moins quadruple.

En général, il ne manque que du charbon dans les Forges de la vallée de *Vicdessos*. Cette disette est l'effet du travail continuel de plusieurs Forges, soutenu pendant plusieurs siecles ; des dégradations journalieres des particuliers ; du peu de soin & de vigilance qu'on a apporté à la police, la culture, & sur-tout au repeuplement des forêts.

L'établissement d'une Forge à la Catalane n'exige pas une grande mise. Cinq ou 6000 liv. suffisent pour la construire avec solidité, & pour la rendre bien outillée. Son aspect n'offre rien de curieux. C'est une halle de 30 à 40 pieds en quarré. Quatre bons murs & une toiture solide lui suffisent. Dans son intérieur est un gros marteau de douze à quinze cents de nos livres ; une trompe, qui fait l'office de foufflets, & un Creufet ou fourneau fans cheminée ni hotte. La fumée a fon iffue par une ouverture, pratiquée au comble. Sur un des côtés de la Forge, on difpofe des magafins pour la Mine, pour le charbon & pour le fer forgé.

Dans toutes les Forges, l'enclume du gros marteau eft fupportée par une pierre qui lui fert de ftok. Cette pierre, qui eft d'un grand volume, pefe plu-fieurs milliers. On doit rechercher les plus dures, les plus compactes, & celles qui ont le moins de fils. On emploie communément le granit à cet ufage. Une roche à bafe de ferpentine, mêlée de fchorl amorphe ou en lames, affez commune aux Pyrénées, & qui eft d'une extrême dureté, pourroit lui être avantageufement fubftituée. Il eft plu-fieurs Forges en Languedoc, où cette pierre, qui, dans celles qui font bien fituées, ne coûte pas plus de 200 livres, revient à plus de 2400 livres, à raifon de l'éloignement du lieu d'où on eft obligé de la tirer, & du défaut de machines pour en faciliter le tranfport. Ainfi, lorfqu'on voudra établir une Forge, c'eft une précaution d'une grande conféquence, & qu'on a trop négligée, que de s'affurer fi l'on aura, à fa bienféance, des pierres pour l'enclume.

Souvent il arrive, qu'après avoir chommé long-temps à raifon de la pierre de l'enclume, à peine en a-t-on placé une nouvelle, qu'elle éclate aux premiers coups de marteau ; nouvelles dépenfes ; nouvelles pertes pour le propriétaire. Pour les éviter, dans les Forges où ces pierres font fi cheres, comme par exemple à *Manfe*, à *Sainte-Colombe*, & en général dans toutes celles qui font fituées dans les chaînes calcaires, & à

un grand éloignement des Granits , ou
des montagnes *de tranſport* , il importe
d'avoir recours à l'Art. Il me ſemble
qu'on peut , avec ſon ſecours , bannir
des Forges ces pierres ſi frayeuſes. Qu'on
réuniſſe pluſieurs forts parallélipipèdes
de fer , on les poſera de champ ſur une
pierre ; on les réunira fortement entre
eux , par des liens & des anneaux de
fer ; on environnera cette maſſe de fer ,
de groſſes pierres ſolidement maçonnées.
Enfin , on placera par-deſſus une loupe ,
ou *maſſĕ* de fer , de dix à douze quintaux.
Je crois qu'on auroit , par ce moyen ,
un ſtok de toute ſolidité ; on s'épar-
gneroit , par cette premiere avance ,
des pertes conſidérables ; elles ſont la
ſuite néceſſaire des accidens trop fréquens qui arrivent aux pierres.

Du reſte , l'ordon du marteau eſt bien
plus ſimple dans nos Forges, que dans
les Affineries & les Renardieres. Il eſt

encore infiniment plus commode , en
ce que l'enclume étant au niveau du
fol , un feul Ouvrier traîne jufques à elle ,
& y place commodement les portions
du maffé qui doivent y être étirées.

Telles font les différentes parties néceffaires à une Forge , & les conditions
que fon établiffement exige, pour en efpérer un bon fuccès. Mais comme il eft
encore plus fpécialement fondé fur la difpofition, & les proportions du Creufet &
des Trompes , ainfi que fur la pofition
de la tuyere , je vais traiter , en autant
d'articles féparés , tout ce qui concerne
chacune de ces parties.

D E S T R O M P E S.

ON se sert de trompes, au lieu de soufflets, dans les Forges des Pyrénées. Ce moyen d'exciter un grand courant d'air, est aujourd'hui très-connu. Nous en avons des descriptions & des plans, tant dans l'ancienne Encyclopédie que dans la derniere, par ordre de matieres; nous les avons encore dans l'Art des Forges à Fer, publié par l'Académie des Sciences (1). Je crois donc qu'il suffira d'en donner des notions générales, en faveur de ceux qui n'auront pas ces Ouvrages, pour qu'ils puissent même, au besoin, en faire construire.

C'est dans cette vue principalement que j'ai eu soin de joindre à ce Traité un plan géométrique de la trompe, & de toute la Forge de M. Vergnies de

(1) Sect. 11, 2 part. pag. 18, §. 11, pl. VII.

Bouifchere (1). Les figures exactes font d'une néceffité abfolue pour l'intelligence de ces fortes de matieres. Je m'expoferois à de juftes reproches, fi je paffois abfolument fous filence une partie auffi importante du méchanifme de nos Forges. D'ailleurs, quoiqu'on fe ferve avec fuccès en Dauphiné & ailleurs de ce moyen ingénieux pour exciter le vent néceffaire à la fabrication du fer, les trompes des Pyrénées different de celles des autres pays à plufieurs égards. Les defcriptions, qu'on en voit dans l'Art des Forges à Fer, & dans les deux Encyclopédies, font abfolument conformes entre elles. Il s'y

_____

(1) Je crois devoir faire remarquer que la Forge de M. Vergnies de Bouifchere eft conftruite à la gauche. Les Forges bâties à la droite font infiniment plus commodes. Cette Forge n'eft pas affez fpacieufe, principalement devant le marteau & devant le chio : le fervice en eft gêné, & fe fait bien plus facilement lorfqu'il y a plus d'efpace.

eſt gliſſé quelques fautes, quelques inexaᶜtitudes, que j'ai pris ſoin de corriger.

En donnant la deſcription de nos trompes, je n'ai d'autre deſſein que de faire connoître ces machines, telles qu'elles ſont en uſage chez nous. Je ne prétends, ni les propoſer pour modele, ni leur donner la préférence ſur les autres. Je ſuis très-éloigné de cette idée. Je penſe, au contraire, qu'elles ſont ſuſceptibles de perfeᶜtion; ce n'eſt que par une longue ſuite d'expériences qu'on pourra parvenir à déterminer les meilleures proportions, & la meilleure forme qu'elles doivent avoir.

Les trompes ſont des tuyaux verticaux, dans leſquels l'air atmoſphérique eſt immédiatement entraîné & chaſſé (1)

_____

(1) Je dis que dans nos trompes l'air eſt *chaſſé* & *entraîné* par l'eau. J'ai cru long-temps que cet air étoit produit, dumoins en grande partie, par la

par

par la chûte de l'eau. Il faut donc s'affurer d'un courant affez volumineux,
qui ait, ou auquel on puiffe donner la
chûte néceffaire.

Un corps de trompe (on l'appelle
l'Arbre de la trompe) eft un tuyau
quadrilatere, dont la hauteur eft relative
à la chûte. Ceux de la Forge de M.
Vergnies de Bouifchere ont quinze pieds
quatre pouces d'un bout à l'autre. Leur
diametre le plus ordinaire eft de huit
pouces dans œuvre. On peut faire ces
tuyaux d'une ou de plufieurs pieces de
bois, fortement liées & affemblées entre
elles par des frêtes de fer. La meilleure
maniere de faire les *arbres*, eft de les

décompofition de l'eau. Mais après avoir examiné
la chofe de près ; après avoir recueilli & éprouvé
en diverfes reprifes des portions affez grandes, de
l'air fourni par les trompes, je me fuis convaincu
que cet air eft le même que celui de l'atmofphere,
& que l'eau, à la fortie de la caiffe à vent, n'a
point éprouvé de décompofition.

H

ſcier par le milieu dans leur longueur, de les creuſer dans chaque partie , & de les rejoindre enſuite par des frêtes de fer. Dans le Comté de Foix, on ſcie une planche , on creuſe l'arbre , & on y applique enſuite le *Tablier.* C'eſt le nom de la planche qu'on avoit ſéparé de l'arbre. Les corps de trompe (*arbres*) de bois ſont les plus ſimples , & certainement les meilleurs. On en voit, en Languedoc, qui ſont conſtruits en pierre. Leur ſolidité peut les rendre très-diſpendieux , nuiſibles même ; car , pour peu qu'ils déverſent, par un accident quelconque , il faut les démolir & les reconſtruire.

Les trompes du Comté de Foix ont toutes deux corps. Il ſuffira de détailler la conſtruction d'un ſeul. Ce tuyau eſt par-tout d'un diametre égal depuis ſa baſe. A deux pieds quatre pouces de diſtance du réſervoir, il commence à

s'évafer , & continue ainfi jufques à fes
bords fupérieurs. Cette embouchure fe
divife , en forme d'Y , en deux tuyaux
qui fuivent la pente de l'évafement, &
qui laiffent entre eux un efpace libre.
Cet efpace forme un troifieme tuyau
intermédiaire, dans lequel l'eau fe précipite. On le nomme le *Coin* ou l'E-
tranguillon. Les deux tuyaux cunéiformes latéraux portent le nom de *Trom-*
pils. L'eau ne peut entrer dans ces
Trompils , parce que fon niveau ne
s'éleve jamais à la hauteur de leurs
bords fupérieurs. Les *Trompils* n'ont
donc d'autre ufage que de fournir l'air
néceffaire au jeu de la trompe. Le diametre intérieur de chaque *Trompil*, dans
fon embouchure fupérieure , eft de fix
pouces en quarré ; l'orifice inférieur ,
qui s'infere dans l'évafement du corps,
a fix pouces de longueur , fur deux de
largeur. Pour empêcher le reflux de

l'eau , les trompils plongent , d'un pied trois pouces, dans l'évafement des corps. Leur longueur totale est de fix pieds : le *Coin* ou étranguillon affleure le niveau du fol du baffin ; fon ouverture est de trois pouces fix lignes. Le baffin a cinq pieds de hauteur, fept de largeur , huit de longueur ; fon élévation doit être relative à la hauteur des corps de trompes. On ouvre & on ferme les étranguillons à volonté , & au point qu'on le veut , à l'aide des pattes , nommées les *Cors* , auxquelles font adaptées des bafcules, qui jouent par le moyen d'une *Bielle*. Le courfier du baffin de la trompe a vingt-deux pouces d'ouverture , fur fept de profondeur.

Dans toutes les trompes, il y a encore des foupiraux , deux ou quatre, fuivant l'élévation des corps. Ils font toujours placés en deffous de l'évafement ; tantôt en regard, tantôt l'un plus haut, l'autre plus bas, fuivant le caprice du Conftructeur. Les foupiraux font quarrés & taillés dans les parois du corps ; ils plongent de dehors en dedans. Ces foupiraux omis dans les Planches des Arts & Métiers, ainfi que dans celles de l'Encyclopédie, font les mêmes que ceux des trompes du Dauphiné (1). L'eau reflue fouvent par ces foupiraux ; mais en petite quantité, & toujours par bonds ; ils font très-néceffaires ; car en hiver, lorfqu'ils font bouchés par la glace, l'eau monte par la *fentinelle*, & jaillit dans le feu.

Les corps de trompe doivent être foigneufement calfatés, pour que l'eau ne puiffe point s'en échapper. Ils doivent encore être fortement affujettis,

_____

(1) Voyez le fecond volume des Planches de l'Encyclopédie Méthodique, Artic. Fer, groffes Forges, 2e. fect.pl. 3, Fig. 4 & 5, F. S. La feule différence, c'eft qu'en Dauphiné ces foupiraux font ronds.

pour que les fecouffes continuelles de l'eau & de l'air ne puiffent les ébranler. Il importe auffi qu'ils foient bien perpendiculaires. Ils font placés à deux pieds de diftance l'un de l'autre. Ils s'enfoncent de fept pouces dans l'extrêmité poftérieure du grand *Tambour*, ou caiffe à vent.

Ce tambour, ou caiffe, eft la partie que l'on appelle proprement *la Trompe*. C'eft une forte de pyramide quadrilatere, couchée fur un de fes plans. Elle a dans œuvre neuf pouces de largeur à fon extrêmité poftérieure, & un pied huit pouces à l'antérieure. Sa hauteur eft de quatre pieds neuf pouces. Son épaiffeur eft arbitraire. Elle eft conftruite en pierre, ainfi que fon aire ; & plus ordinairement en bois ; mais celles-ci donnent un vent inégal. Cet inconvénient, préjudiciable à la fonte, doit faire préférer les tambours bâtis en pierre.

Dans l'intérieur de la caiffe, & à fon extrêmité poftérieure, font placées, fous les deux corps de trompe, deux taques ou tablettes de pierre, à trois pieds neuf pouces fix lignes au-deffus de la furface du fol, & à quatre pouces fix lignes de diftance de l'embouchure des corps. Cette diftance paroît devoir être augmentée, en raifon du plus fort volume d'eau, qu'on a à introduire. L'eau, après s'être brifée dans fa chûte fur ces tablettes, fe ramaffe dans le tambour, & fort par une ouverture quarrée, d'environ dix pouces. On la place, fuivant la commodité, à un des côtés, ou fur le derriere de la caiffe, & toujours au niveau de fon fol. Ce trou d'échappement doit être proportionné au volume d'eau qui doit fortir de la caiffe. Il n'a point d'empalement. Il feroit très-utile qu'on en introduisît l'ufage dans nos trompes. On gouverneroit

I

à volonté la fortie de l'eau. L'expérience enfeigneroit, par ce moyen, à quel point & à quel volume d'eau, chaque trompe donneroit le plus de vent & de meilleure qualité.

L'eau qui s'échappe des trompes, après avoir amené l'air néceffaire à la fonte, peut encore faire mouvoir l'équipage, qui met en train le gros marteau; mais comme il faut pour cela une feconde chûte, il eft fort rare qu'on la faffe fervir à cet ufage.

Au-deffus de l'extrêmité antérieure du *tambour*, s'éleve un appendice irrégulier, en pierre ou en bois, comme la caiffe. Il faut bien fe fixer fur fa conftruction, parce que cette partie de la trompe a la plus grande influence fur le bon ou mauvais fuccès de la fonte. Cette partie porte le nom de *fentinelle*. Trois de fes côtés ne font qu'une continuation des parois de la caiffe; le quatrieme, qui eft celui de derriere, eft pofé à deux pieds fix pouces de diftance du devant, dans œuvre. C'eft auffi la mefure de fon élévation antérieure, audeffus du niveau de la caiffe. La face poftérieure n'a que vingt-un pouces de hauteur ; d'où l'on voit que fa furface eft un plan incliné en arriere. Ce plan n'eft point maçonné. Il eft fait en bois, & fe nomme le *Tampail*. Au milieu de cette fermeture, eft pratiquée une ventoufe de deux pouces de diametre ; c'eft l'*Expirail*. On a foin de le tenir bien bouché. Les Conftructeurs de trompes s'en fervent pour juger de la force du vent.

Sur la face de la *fentinelle* qui répond au fourneau, eft une autre ouverture, dont les proportions font arbitraires. Chez M. Vergnies, elle a un pied deux pouces de hauteur, fur onze pouces de largeur ; c'eft le trou de la *fen-*

tinelle (1). On adapte à cette ouverture un tuyau de bois quadrangulaire qu'on appelle le *Bourrec*. Ses dimenſions ſont encore arbitraires & relatives à celles du *ſoufflart*, ou trou de la *ſentinelle*. Dans le *Bourrec* s'enchâſſe un autre tuyau de fer mobile, c'eſt le *Canon du Bourrec*, ou la buſe de la trompe. Il a ſix pouces dans ſon diametre poſtérieur , & quatorze lignes à ſon œil ; ſa longueur eſt auſſi arbitraire. M. Vergnies a fait rétrécir cet œil, qui, dans quelques Forges , a juſques à dix-neuf lignes. Il en a obtenu un vent plus ſec & plus fort. La buſe s'inſere dans un autre tuyau de cuivre, nommé *Tuéle*. Le plus ou moins d'in-ſertion de la buſe dans la tuyere , dé-pend de l'état de celle-ci, & de la force

___

(1) Vu l'uſage fréquent & néceſſaire de cette partie de la trompe , j'ai cru convenable de lui donner un nom particulier. Je la nommerai donc à l'avenir le *Soufflart*.

du vent. Lorſqu'il eſt trop fort, ou que la tuyere eſt neuve, on tient la buſe plus reculée ; on l'avance dans les deux cas contraires.

La tuyere eſt portée par un mur, qu'elle traverſe, ainſi que par le mureau ou contre-mur, qui forme un des quatre côtés du creuſet. C'eſt elle qui y diſtribue le vent des trompes. On voit des trompes qui donnent le vent par le côté, les Ouvriers les croient meilleures; telle eſt celle de *Caponta* à Vicdeſſos.

On ne doit pas croire que le vent des trompes ſoit toujours égal & uniforme ; il varie au contraire aſſez ſouvent ; un liteau, un paquet d'herbes que l'eau entraîne, une cheville dans les arbres ou dans l'échappement, ſuffiſent pour diminuer la force du vent. C'eſt aux *Foyers* à rechercher la cauſe de cette altération, & à y remédier. Quelquefois auſſi il ſurvient des crues,

au volume d'eau du bief; elles peuvent
nuire , fi dans l'état ordinaire il y a
affez de vent. Les eaux claires ou bour-
beufes, l'état de l'atmofphere, font auffi
varier le vent des trompes; mais jamais
cependant d'une maniere affez foutenue,
pour que cela puiffe apporter des défordres notables dans la fabrique.

L'élévation du baffin , la perpendicularité des corps des trompes, l'hori-
zontalité des taques ou tables de pierre,
les dimenfions du trou d'échappement,
le volume d'eau , &c. &c. font encore
autant de caufes qui concourent à la
véhémence du vent.

Quoique le vent que donnent les
trompes foit produit par la chûte de
l'eau , il doit effentiellement être fec.
On peut s'en affurer par plufieurs
moyens , entr'autres , en expofant un
linge , ou une glace devant l'orifice de
la tuyere. L'humidité du vent occafionne

une plus forte confommation de charbon ; la fonte eft plus pénible ; elle
rend une moindre quantité de fer , &
la qualité en eft infiniment moins
bonne.

Je me fuis attaché à raffembler dans
cet article , ce qu'il importe le plus de
favoir au fujet des trompes. Je pourrois
ajouter encore un grand nombre de
détails ; je les paffe fous filence ,
comme moins effentiels , ou comme
s'écartant trop de mon fujet. Par cette
raifon , je ne dirai rien des réfervoirs ,
des pattes ou éclufes , par le moyen
defquelles on gouverne le volume d'eau
& le degré de vent , &c. Je ne dirai rien
non plus du jeu des trompes , & je
n'en donnerai point d'explication. Elle
fuppofe, pour être entendue, des notions
de phyfique qui manquent aux Ouvriers.
Ceux qui ne liront cet Ouvrage que par
curiofité , la fuppléeront facilement.

Ce feroit une erreur de croire que les trompes tiennent fi effentiellement à la méthode de fondre le fer, ufitée dans le Comté de Foix, qu'il ne fût pas poffible de les remplacer par des foufflets. Je crois au contraire qu'ils ne produiroient que de bons effets ; & que dans tous les cas où l'on n'auroit point un volume d'eau fuffifant, ou une chûte naturelle affez grande, il y auroit de l'économie de les fubftituer aux trompes. On fait d'ailleurs, par une tradition fûre, que les foufflets ont été autrefois en ufage dans la vallée de Vicdeffos, & que le fer qu'on retiroit par leur miniftere étoit très-doux & très-liant.

DU CREUSET,
OU FOURNEAU.

LE creuset, ou fourneau, eſt la partie eſſentielle, celle qui conſtitue véritablement la méthode particuliere du Comté de Foix. Il eſt toujours placé ſur une aire, dont les dimenſions varient ſuivant la diſpoſition du local. La figure de cette aire eſt parallélogrammatique, & ſa ſurface d'environ deux toiſes quarrées. Cette aire, qui eſt élevée de deux pieds au-deſſus du ſol de la Forge, eſt abſolument néceſſaire, ſoit pour ſoutenir le *Contrevent*, ſoit pour porter une partie de la Mine, lorſqu'on charge les fourneaux, ſoit enfin pour faciliter le ſervice du feu.

Avant que de bâtir ce creuſet, il faut connoître ſur toutes choſes la nature du ſol ſur lequel on veut l'établir. La

plus légere humidité eſt un grand obſta-
cle pour une bonne fonte : il faut donc
s'aſſurer que le ſol eſt parfaitement ſec ;
ou le rendre tel , par des aqueducs bien
entendus & ſolidement maçonnés.

Preſque tous les *Foyers* , lorſqu'ils
veulent bâtir un creuſet , ſe contentent
de placer de groſſes pierres roulées dans
ſa fondation. Ces pierres ſe gercent à
la longue , par la violence & l'action
continuelle du feu. Il eſt mieux de bâtir
un maſſif de deux pieds en quarré. La
brique eſt excellente pour cet uſage ;
on peut même , ſi l'on veut , ſubſtituer
une voûte au maſſif.

Mais de quelle maniere que l'on
veuille poſer ſon creuſet , comme l'eau
ſourd & diſtille de toutes parts dans les
Forges ; c'eſt une précaution des plus
néceſſaires , que d'établir , à la baſe du
creuſet , un aqueduc qui l'environne. Il
faut le faire auſſi ample & auſſi élevé

que

que le fol peut le permettre. On ne doit pas non plus négliger d'adapter une ou deux ventoufes à ces aque-ducs. C'eft le feul moyen de prévenir plufieurs accidens, dont on éprouve affez fouvent les effets fâcheux, fans même en foupçonner la caufe. On peut les placer du côté du *chio*, ou de celui de ruftine, indifféremment, & tou-jours derriere le *foufinal*, ou mur de la tuyere, pour ne pas gêner le fervice. Il faut pouvoir ouvrir & fermer ces foupiraux à volonté. Leur tampon doit entrer avec force dans l'aqueduc. Il fera foré dans fa longueur, & fon orifice extérieur plongera du dedans au-dehors.

Le fonds du creufet doit être fait d'une feule pierre. On emploie, lorfque cela fe peut commodement, le granit commun, ainfi que cela fe pratique à Vicdeffos. On doit préférer celui qui eft

I

le plus compacte, & qui abonde le plus en mica. Du reste, on ne doit pas mettre un trop grand prix à la recherche de cette pierre, parce qu'on peut la suppléer par l'Art, & qu'il importe même de le faire.

Cette pierre doit remplir toute la capacité du fonds du creuset. Elle doit être un peu concave. Avant de la placer, il est indispensable de déterminer sa position. J'entends par-là le double rapport de sa profondeur avec le niveau du *soufflart*, ou trou de la *sentinelle* de la trompe ; & sa direction en ligne droite, avec le milieu de ce même *soufflart*. Sans cette précaution, on ne sauroit trouver avec précision, l'assiette invariable de cette pierre, d'où dépend en entier la direction de la meilleure construction du fourneau.

Les fondemens & la base du creuset étant posés, il faut songer à l'élever.

Sa figure eft à-peu-près quarrée. Ses proportions ne font pas conftantes ; elles varient relativement à la force du vent, & à la nature des fubftances qu'on doit traiter.

Les différences dans les proportions du creufet font fi petites, qu'on ne manquera pas de les traiter de minuties. Rien cependant n'eft moins à négliger, & n'exige une attention plus fcrupuleufe. L'expérience a enfeigné aux Forgerons combien elles influent fur le fuccès de l'opération. Dans une Forge où il y a beaucoup de vent, le creufet doit être plus grand que dans celle où il y en a moins. Trop de vent dans un petit fourneau, rompt le mêlange néceffaire de la Mine & du charbon ; il éleve celui-ci & précipite l'autre. Un vent trop foible pour un grand creufet, rend la fufion lente & pénible. On fait encore par expérience que, abftraction faite de la force du vent , il faut un fourneau plus grand , lorfqu'on travaille avec des charbons légers & de bois mous , que lorfque l'on confomme des charbons de bois dur. Les Ouvriers donnent, pour raifon de cette différence , que , dans le premier cas , la fonte eft précipitée , parce que le creufet n'ayant pas affez de capacité , & le charbon étant léger, le vent y tourbillonne , & y circule avec trop de force. On pourroit , au befoin , remédier à cet inconvénient , en reculant la tuyere , & en diminuant le vent.

Chacune de ces caufes doit donc faire varier les proportions du creufet. J'ai déjà dit combien il eft important de ne pas les négliger. J'infifte de nouveau fur ce point, parce que ces différences , dans les proportions , font fi petites , qu'elles paroîtront au premier coup-d'œil, tout au moins indifférentes. Il ne s'agit, en effet, que d'un pouce, du plus au moins. J'avoue que fans l'autorité d'une expérience conftante, atteftée par une perfonne aufli éclairée que M. Vergnies de Bouifchere, & les plus habiles Ouvriers, on accorderoit difficilement autant de confidération à ces différences. Elles deviennent encore bien plus conféquentes pour la partie de la tuyere, où il ne peut être queftion que de quelques lignes, fans le plus grand danger.

Les quatre faces du creufet font inégales en hauteur & en largeur. Afluré par le fuccès de la bonté des proportions, de celui de la Forge de M. Vergnies de Bouifchere, je crois ne pouvoir mieux faire, quant à préfent, que de le propofer pour modele. Voici ces dimenfions exaêtes, que j'ai prifes fur un creufet neuf, le 4 Oêtobre 1785.

Le côté du *chio* a environ vingt

pouces de largeur. Celui de ruſtine, qui lui eſt oppoſé, environ vingt-un pouces. De la tuyere au niveau du contrevent, vingt-cinq pouces. Enfin, du *chio* à la ruſtine, la meſure étant priſe dans le milieu du creuſet, ſon diametre eſt de vingt-deux pouces ſix lignes. Voilà pour la largeur & la longueur du creuſet; il y a encore plus de variation dans la hauteur.

Le chio a vingt pouces d'élévation; le côté de la tuyere eſt arbitraire, celui de ruſtine l'eſt auſſi, mais il n'excede jamais quatre pieds ſix pouces. La hauteur du contrevent eſt de deux pieds quatre pouces. La profondeur du creuſet, priſe au milieu de la pierre & au niveau du contrevent, eſt de vingt-ſept pouces ſix lignes. Toutes ces dimenſions doivent être priſes dans œuvre, & avant qu'on n'ait arrondi les angles intérieurs du creuſet: on doit toujours lui donner cette forme ; de maniere que par une gradation peu fenfible, le fond du creufet devienne prefque elliptique. Le plus grand diametre de fon fonds a deux pieds ; le petit, un pied huit pouces. Lorfque les angles du creufet ne font point arrondis , le *maffé* n'en prend pas moins une forme elliptique. C'eft cette indication qui doit porter à arrondir les angles du fourneau. D'ailleurs cette forme contribue à l'activité du feu ; le vent y circule avec plus d'aifance , & fait mieux rouler la matiere , lorfqu'elle eft en fufion ; elle évite encore une confommation inutile de charbon.

Un Propriétaire jaloux du bon entretien de fa Forge, a grand foin de faire recouvrir de taques de fer, trois des côtés du creufet. Celui de ruftine ne doit jamais l'être. La tuyere décline de ce côté , à peu-près vers les deux tiers du feu. Le vent dirige donc son action, principalement vers cet endroit. La doublure en fer ne sauroit long-temps résister dans cette partie du creuset; elle seroit bientôt fondue; le *massé*, en s'y attachant, dérangeroit le travail.

Le creuset est maçonné avec la pierre ordinaire du pays. Si cela se peut commodément, on choisit de préférence le granit commun; il résiste mieux au feu, & le creuset se soutient plus long-temps, sans avoir besoin d'être réparé. La brique pourroit suppléer avantageusement au défaut de bonne pierre.

Les quatre côtés du creuset ne sont point élevés d'aplomb, deux sont perpendiculaires; savoir, celui de la tuyere & celui du *chio*. Le côté du contrevent est renversé, en dehors, de six pouces sur la perpendiculaire; le côté de rustine l'est de moitié moins. M. Vergnies a, depuis deux mois, arrondi & renverſé vers le feu, en forme d'encorbellement, le côté de ruſtine, à prendre à ſix pouces au-deſſus de la tuyere. Cette pratique, pu-rement économique, lui a très-bien réuſſi.

L'épaiſſeur des divers côtés varie en-core plus, que leur élévation & leur lar-geur. Celle du contrevent a quatre, ſix, huit pieds ; ſuivant l'eſpace qu'on peut donner à l'aire qui le ſoutient & l'affleure. Le *chio* étant en fer, n'a que l'épaiſſeur des taques dont il eſt formé, de deux à trois pouces. Celui de ruſtine prend toute la Forge. Celui de la tuyere a toute l'épaiſſeur du mur, qui eſt de-vant la trompe, & du contre-cœur ou mureau qui eſt appliqué contre ce mur.

Ces quatre côtés portent chacun un nom vulgaire ; *Laitairol* eſt le chio, *l'Ore* eſt le contrevent ; la *Cave* ou *téte du feu*, eſt la ruſtine ; les *Porges*, le côté de la tuyere.

Dans toutes les Forges, le côté du *chio* eſt en fer. Il eſt compoſé de deux pieces poſées de champ, & d'une troiſieme horiſontale, nommée la *Plie*. On pratique de ce côté deux ouvertures ſur le même niveau ; l'une plus rapprochée de la tuyere, & c'eſt le *chio*. L'autre ſert à paſſer des ringards & des crochets pour ſoulever plus facilement le *Maſſé*, c'eſt la *Reſtanque*. On met auſſi du fer au-deſſous de la tuyere, c'eſt ce qu'on appelle les *Porges*. On ne peut gueres ſe paſſer non plus d'une ou deux taques de fer du côté, & au fonds du contrevent. Le reſte de cette partie peut demeurer à découvert ; il eſt mieux qu'elle ſoit en fer.

Un creuſet, ſoigneuſement conſtruit, avec du bon granit, peut durer très-long-temps. Mais il faut, pour cet effet,

apporter le plus grand foin à fon entretien. D'abord, plus les taques de fer, dont
on garnit les trois côtés, font fortes &
épaiffes, plus elles réfiftent. Le côté de
ruftine eft celui qui fe dégrade le plus
promptement. Le feu le creufe, & le
ronge, d'autant plus qu'il eft à nud ;
mais on le foutient, en garniffant les
creux, avec de la terre glaife : par fon
mêlange avec les parties ferrugineufes,
elle durcit fingulierement, & le feu
n'en va pas moins bien.

Lorfque quelque piece fe dérange au
creufet, on la replace auffi-tôt qu'on
a retiré le *Maffé* ; fi la réparation exige
trop de temps, on renvoie au Samedi
ou au Dimanche, après que l'on a
éteint le feu dans la Forge. Avec des
foins affidus, M. Vergnies a paffé quatre
ans fans chommer, pour raifon de réparation à fon creufet.

Pour donner la facilité de réparer

ou de reconftruire un fourneau , & de le maintenir dans fes juftes proportions ; il eft de l'intérêt de tous les Propriétaires d'en faire faire un moule ou calibre en bois ; en le plaçant dans le creufet, on reconnoîtra , au premier coup-d'œil, quelle eft la partie qui s'eft dérangée , & qu'il importe de rétablir ; cette maniere de mefurer toutes les proportions eft d'ailleurs plus fûre & plus expéditive que le pied-de-Roi.

Ce moule, ou calibre, eft encore plus néceffaire pour obtenir le vrai point de déclinaifon de la tuyere, ainfi que la direction du fourneau. Car malgré leur routine, les Ouvriers reconnoiffent qu'il faut le placer de façon que le vent puiffe y entrer directement; mais ils ne fe doutent pas de toute l'importance de cette direction. Ils fe contentent de chercher, à peu-près, la correfpondance du creufet avec la *fentinelle.*

Pour s'en assurer, les Foyers regardent au travers de l'*espirail* ou évent de la *sentinelle*, & ils jugent à l'œil, si le milieu du feu répond à cet évent.

Rien de plus équivoque & de moins exact que cette maniere de procéder. D'abord cet *espirail* est placé sans mesures fixes ; il dépend entierement du caprice du Constructeur ; & quand bien même son emplacement seroit déterminé d'après des proportions certaines, le creuset peut être trop haut , trop bas ou trop décliné , & son milieu répondre néanmoins en apparence à celui de la *sentinelle*.

Il faut donc proscrire un usage aussi abusif, & chercher des moyens moins illusoires , pour donner au creuset la juste direction , sans laquelle on ne peut en espérer un bon travail. Expliquons, avant toutes choses, la signification de ce mot. On doit entendre par direction du creufet, le double rapport de fa profondeur, & de fa pofition en ligne droite, avec le milieu du *foufflart*.

Le milieu du creufet doit donc être placé vis-à-vis le milieu du *foufflart*; c'eft là le premier point qu'il importe de chercher; pour y parvenir, il faut indiquer des moyens faciles, & mettre à la main des Ouvriers des inftrumens, à l'aide defquels ils puiffent méchaniquement reconnoître fur le champ, & fans équivoque, ce qu'ils doivent trouver.

Le *foufflart* eft une ouverture pratiquée fur le devant de la *fentinelle*. Il faut adapter à cette ouverture, une planchette de bois dur, dont les quatre angles foient bien dreffés; elle s'enchâffera avec précifion dans cette ouverture, qui doit auffi être faite à l'équerre. Le milieu de cette planchette étant tracé, on affujettira à ce point, par une petite mortaife, la tête d'une regle étroite & mince, de fept pieds de longueur, de façon que le limbe fupérieur de la regle vienne aboutir au milieu donné de la planchette.

Lorfqu'on voudra chercher la direction du creufet, on enlevera la tuyere, on fera paffer la regle fur le fol qu'elle occupoit, au travers du mur; elle y repofera; on bouchera le *foufflart* avec la planchette. La regle dépaffant le mur de la tuyere, rapportera dans le creufet le vrai milieu du *foufflart*. Alors on pofera jufte, fous la regle, le centre du creufet; pour cet effet, on aura le foin de le marquer fur le moule dont j'ai parlé.

Ce n'eft pas affez d'avoir déterminé la direction en ligne droite du creufet avec le *foufflart*; il n'eft pas moins néceffaire de fixer fa profondeur relative-

ment au niveau du *soufflart*; & pour cela,
il faut connoître la distance de l'un à l'autre; voilà ce qu'on nomme le *Battant.*
Cette distance ne sauroit être négligée
sans danger; car plus le *battant* est raccourci, plus il faut exhausser le fonds du
creuset; il faut l'abaisser en raison du plus
grand éloignement du *soufflart.* D'où
il suit que la profondeur du creuset doit
toujours être relative au *battant.*

Ce principe posé, il ne s'agit que de
rapporter dans le milieu du creuset,
par un moyen quelconque, le niveau
du bord inférieur & extérieur du *soufflart.* En le retournant sur le *foufinal,*
ou mur de la tuyere, il faut le graver
sur l'angle de ce mur, pour s'épargner
dans les suites une nouvelle opération.
En partant de ce repère, on prolonge
ce niveau jusques sur le creuset, à
l'aide d'une longue regle. On croise à
l'équerre, avec cette regle, une petite
verge

verge de fer, qui appuie d'un bout fur le fonds du creuſet ; cette baguette étant graduée , on reconnoît de combien de pieds & de pouces le fonds du creuſet eſt inférieur au *foufflart*.

Dans la Forge de *Guille* , le creuſet a quatre pieds quatre pouces de profondeur , à prendre dans le centre de la pierre qui lui ſert de fonds , juſques au niveau du *foufflart*. Le *battant* a ſix pieds deux pouces ſix lignes. En un mot , il y a huit pieds quatre pouces , du milieu du bord extérieur & inférieur du *foufflart*, juſques au fonds du contrevent.

Ces proportions ſont conſtantes & invariables dans cette Forge. Le temps & l'expérience en ont conſacré la bonté. La Forge de M. Vergnies va du meilleur train , depuis qu'il en a banni le tâtonnement & la routine , & qu'il leur a ſubſtitué des proportions & des me-

K

fures, qu'il n'a trouvé que par l'affiduité de fes recherches. Elles fe correfpondent les unes avec les autres , & forment, avec la tuyere , un enfemble qui s'écroule , fi l'on ne l'entretient dans toutes fes parties.

DE LA TUYERE.

LORSQU'ON confidere attentivement la tuyere, & tous fes rapports, on eft bientôt convaincu qu'elle joue le plus grand rôle dans notre méthode de fabriquer le fer. Elle doit porter directement le vent dans le feu : mais ce n'eft pas affez ; elle l'y doit encore diftribuer avec égalité. Rien d'auffi effentiel pour cet effet, que la précifion dans les différentes proportions qu'on doit lui donner. Les plus légeres erreurs tirent ici à la plus grande conféquence.

Lorfqu'une Forge fe dérange, c'eft contre la tuyere que tous les efforts de la routine des Foyers femblent fe réunir. Ils la hauffent, ils l'abaiffent, ils l'avancent, ils la reculent, ils la coudent, ils la changent, ils la tourmentent de toutes les manieres poffibles, & ils ne s'apperçoivent pas, aveugles qu'ils font, qu'ils ne font qu'aggraver le mal, & multiplier les pertes du Maître.

Il en eſt de la tuyere comme de toutes les autres parties de la Forge. Les Ouvriers la placent à vue d'œil. Lorſqu'ils emploient quelques meſures, ils la reglent par leurs doigts. Demandez-leur quelle doit être la faillie de la tuyere dans le creuſet, ils fermeront le poing & éleveront le pouce. Ils vous diront auſſi qu'ils donnent dix-ſept doigts à l'élévation, ou *faut* de la tuyere, au-deſſus du fonds du creuſet. On juge bien que de pareilles approximations ne peuvent être que très-fautives, ſur-tout lorſque la différence, dans les meſures, ne peut varier, ſans le plus grand danger, que de trois à quatre lignes. Auſſi ai-je vu des Foyers avec leurs dix-ſept doigts, ne donner qu'un pied au *faut*, tandis que d'autres, en ſe conformant à cette pratique, lui donnoient au moins quinze pouces ; différence qui eft énorme dans cette partie.

Empreffons-nous donc de bannir une routine auffi erronée. Donnons à tous les Ouvriers des mefures juftes & fixes, & des moyens faciles pour les reconnoître, & les maintenir dans tous les temps. Nous les porterons avec d'autant plus de confiance à les adopter, qu'une longue fuite d'obfervations en a conftaté l'heureux effet & la néceffité.

La tuyere eft un tuyau de cuivre rouge battu, d'une feule piece, de trois pieds fix pouces de longueur. Son petit orifice qu'on nomme l'œil, doit avoir vingt lignes fur dix-neuf; elle s'élargit par gradation jufques à fon ouverture poftérieure, appelée le Pavillon. Elle a de neuf à dix pouces de diametre. On devroit la réduire de fix à fept pouces. L'œil de la tuyere eft recoupé en-deffous de six lignes, un peu en bec de flûte. Si on ne le recoupe pas, le vent ne plongera pas affez. S'il l'eft trop, il brûlera la pierre du fonds du creufet.

Le *canon du bourrec*, ou. la bufe de la trompe, s'infere dans la tuyere, & celle-ci porte immédiatement le vent dans le feu.

Pour placer une tuyere dans les rapports. qu'elle doit néceffairement avoir avec les différentes parties du creufet, il faut déterminer, avec ri-gueur, fa direction, fon inclinaifon, fa faillie, fon *faut*, ou élévation, & enfin fa déclinaifon.

J'entends par fa direction, fon rapport avec le milieu du *foufflart* & du creufet. En fixant la direction de celui-ci, telle que nous l'avons prefcrite, on a trouvé néceffairement celle de la tuyere. La regle qui a déterminé la correfpondance jufte, du milieu du *foufflart* avec le milieu du creuſet, trace la ligne ſur laquelle doit tomber l'axe de la tuyere. Cette ligne doit être abſolument droite. Ainſi, on ne doit permettre, ni angles, ni coudes ſenſibles, dans la commiſſure des divers tuyaux, contre la pratique conſtante de tous les *Foyers*. Cette ligne droite, outre qu'elle eſt favorable à la meilleure diſtribution du vent, eſt la baſe néceſſaire de toutes les proportions que nous allons indiquer.

La tuyere n'eſt point placée hori-zontalement. Elle plonge vers le feu. C'eſt à cette inclinaiſon, aujourd'hui arbitraire, qu'il faut abſolument aſſi-gner un terme fixe. Quelques précau-tions qu'on prenne d'ailleurs, ce ne ſera jamais que par haſard que l'on obtiendra un bon travail, lorſque cette inclinaiſon ſera réglée fortuitement & ſans principes.

La tuyere doit faire, avec ſon mur

ou les *Porges*, un angle de cinquante-cinq degrés. Pour le décider, il n'eſt beſoin que de faire découper en bois, ou en fer, un pareil angle (1). On l'appliquera ſur les *Porges*, & on abaiſſera la tuyere, ou on l'élevera juſques à ce qu'elle porte juſte ſur l'autre côté de l'angle. Ce terme trouvé, on ajuſtera le ſol de la tuyere ; ſuivant l'inclinaiſon donnée, elle demeurera conſtamment la même. On peut encore trouver cette inclinaiſon, par un autre moyen qui dérive de celui-ci ; mais comme il eſt moins expéditif & plus embarraſſant, nous donnons la préfé-rence à celui que nous venons d'in-diquer.

La ſaillie de la tuyere dans le feu, qu'on appelle plus communément *l'en-*

_____

(1) Voyez la planche VI, où cet inſtrument, qu'on pourroit nommer *Tuyerometre*, eſt repréſenté de grandeur naturelle.

trée, peut fe mefurer de plufieurs manieres, & chacune a fes avantages. Je
ne parlerai que de deux. Elles me paroiffent devoir être préférées, en ce
qu'elles marquent en même-temps la
faillie de la tuyere, & fon *faut* ou
élévation.

J'introduis un cordeau, armé d'un
plomb, par le pavillon de la tuyere,
& je le fais fortir par fon œil; je laiffe
couler le cordeau tout auffi près qu'il
eft poffible, de la pierre du fonds du
creufet, fans que le plomb y touche.
Celui-ci étant fixé, je mefure, au pied
de Roi, la diftance du *porge* d'en-bas
au cordeau; & voilà la faillie : je mefure encore, en fuivant le cordeau, la
diftance du fonds du creufet jufques à
la tuyere; & voilà le *faut*.

Si l'on fe fert du cordeau & du plomb,
pour déterminer le *faut* & *l'entrée* de la
tuyere dans le feu; on doit obferver

de prendre ces mesures à fleur de la pierre du fonds, & sur le *porge* inférieur. La violence du feu faisant presque toujours deverser le *porge* supérieur, les proportions cherchées ne seroient point exactes. Cette circonstance indique assez que, quoique tous ces procédés soient simples & familiers, il faut faire attention à tout, & ne se relâcher sur aucune précaution.

Une jauge de fer graduée, appliquée en ligne droite, à un point fixe & donné du contrevent, & à la tuyere, marquera son entrée dans le feu. On saura aussi, par son secours, la vraie distance de la tuyere au contrevent. Enfin, si à cette jauge on en soude une autre, à angles droits, & que sur celle-ci soit gravée la mesure ordinaire du *faut*; en présentant cet instrument dans le creuset, on pourra s'assurer à la fois, & de *l'entrée* de la tuyere, & de son *faut*, & de fa diftance au contrevent. Avec cette double jauge, on peut vé-rifier très-promptement ces différentes mefures, le creufet étant chaud ; ce qu'on ne fauroit faire avec le cordeau. D'ailleurs cet inftrument fera du plus grand ufage, fur-tout pour indiquer le moment où il fera néceffaire de relever le fonds du creufet, qui fe dégrade fans ceffe.

Dans la Forge de *Guille*, dont je propoferai toujours les proportions pour modele, la tuyere entre dans le creufet de fix pouces quatre lignes. Elle a quatorze pouces fix lignes de *faut*. Ainfi la jauge doit toujours donner dix-huit pouces de diftance de l'œil de la tuyere jufques au contrevent.

Il eft cependant des cas, & c'eft fur-tout lorfque les Mines font réfraĉtai-res, où on doit faire *piquer* la tuyere, c'eft-à-dire, lui donner une plus forte inclinaifon. On n'a pas befoin, fous ce prétexte, de tourmenter la tuyere, comme c'eft l'ufage des *Foyers*; il fuffit de placer une ou deux hauffes, appelées *chapons*, fous fon pavillon, fans toucher aux autres proportions. On aura dumoins la certitude, fi l'on fuit les regles que je propofe, de pouvoir retrouver, lorfqu'on le voudra, le point d'où l'on étoit parti, fi la Forge vient à fe déranger; & de reconnoître quelle eft celle des proportions qui a fouffert quelque altération.

Lorfque nous avons cherché la direction de la tuyere, nous avons tracé une ligne droite qui l'amene vers le centre du creufet. Si nous laiffions la tuyere à cette place, le vent frapperoit trop du côté de la *main*, comme difent les Ouvriers, c'eft-à-dire, du côté du chio. Pour qu'il fe diftribue avec égalité, elle doit, ainfi que nous l'avons remarqué page 117, décliner, à peu-près, vers les deux tiers du feu, du côté de ruſtine ou de la *cave*. Voilà ce qu'il faut entendre par déclinaiſon de la tuyere. Les *Foyers* connoiſſent la néceſſité qu'il y a de tourner un peu la tuyere vers la ruſtine : pour cet effet, ils la coudent, ou l'inclinent tout ſimplement, en *corps*, de ce côté. Cette pratique eſt on ne peut pas plus vicieuſe; elle ſeule cauſe ſouvent les plus grands déſordres. En inclinant ainſi la tuyere, les Ouvriers la font dévier de ſa véritable direction, & s'ôtent tout moyen de la placer avec préciſion & méthode : d'ailleurs, ils font *croiſer* le vent, parce que, comme l'orifice de la buſe fait un angle avec la paroit de la tuyere, le vent fait des ricochets, & s'éparpille.

Cette pratique pernicieuſe doit donc être proſcrite. Que les Foyers ſe faſſent une loi immuable de ne jamais toucher à la direction de la tuyere, à moins de cas graves, qui font très-rares, & que nous indiquerons dans la fuite. On doit la faire décliner vers la cave ; mais c'eft le creufet, & non pas la tuyere, qu'il faut tourner. Je vais développer cette opération qui eft très-fimple. Le milieu du creufet étant connu, ainfi que fa relation avec le milieu du *foufflart*, il fuffira, en bâtiffant le fourneau, de le retirer d'un pouce du côté du chio, & d'avancer d'autant, le *porge* inférieur, vers le contrevent, à fa jonction à la ruftine. Cette opération fe fera avec facilité, fi, comme nous l'avons déjà dit, on a dans toutes les Forges un modele ou calibre du creufet.

Du refte, cette déclinaifon de la tuyere doit néceffairement varier un peu, parce qu'elle doit être en rapport avec l'état de la tuyere. Lorfqu'elle eft neuve, elle porte le vent plus jufte contre l'*ore*, elle l'éparpille lorfqu'elle eft ufée. C'eft auffi la raifon pour laquelle on donne un peu plus de faillie à une vieille tuyere, qu'à une neuve.

Pour ne rien omettre de ce qui peut contribuer à la bonne direction du vent, il nous refte encore à examiner quelle doit être la diftance de l'œil de la tuyere, à celui de la bufe ou *canon du bourrec*. Elle eft arbitraire comme toutes les autres. Plufieurs motifs obligent cependant à la fixer. Car elle doit être proportionnée au plus ou moins de force du vent, à l'état de la tuyere, & au diametre de fon pavillon ou *campane* (cloche) pour parler le langage des Ouvriers.

Dans la Forge de *Guille*, la tuyere étant neuve, cette diftance eft de dix-fept pouces ; elle diminue à fur & mefure que la tuyere s'ufe. Lorfqu'elle eft *tronc*, c'eft-à-dire lorfqu'elle eft prefque hors d'ufage, on ne lui donne plus que treize pouces. On reconnoîtra dans tous

les cas , avec précifion, cette diftance,
en fe fervant de la double verge à crochet & à couliffe , dont j'ai donné la
figure, Pl. V, & dont j'expliquerai
ailleurs la conftruction & l'ufage. On
aura encore , par fon fecours, un
moyen de plus , pour mefurer en tout
temps la faillie de la tuyere.

Nous avons tâché d'établir jufques
ici les principes fur lefquels on doit
fonder l'efpoir d'un bon travail dans
une Forge. Pour ne pas embarraffer les
Ouvriers , nous nous fommes conten-
tés de leur prefcrire fimplement ce qu'il
eft indifpenfable de pratiquer ; nous
avons omis, à deffein, tout ce qui tient
de plus près à la théorie. Nous en
renvoyons la difcuffion au Chapitre ,
dans lequel nous traiterons des moyens
d'amélioration de notre méthode. Nous
ferons forcés d'y paffer derechef en
revue, chacune des parties de la Forge.

DES

DES OUVRIERS

EMPLOYÉS AU SERVICE DE LA FORGE.

CHAQUE Forge, dans le Comté de Foix, eſt ordinairement ſervie par huit Ouvriers. Le premier ſe nomme le *Foyer*. C'eſt le chef des Ouvriers. Il eſt plus ſpécialement chargé de tout ce qui concerne le feu. C'eſt à lui qu'appartient le ſoin, l'entretien & la conſtruction du creuſet. Non-ſeulement il en a l'entiere direction, mais il doit ſavoir le conſtruire lui-même. C'eſt lui qui regle la poſition & la direction de la tuyere ; enfin, le gouvernement des trompes eſt encore une de ſes fonctions. Il entre quelquefois dans le tambour pour de menues réparations ; on a recours au Charpentier pour leur entretien, ou lorſque le vent manque.

Le *Maillé* eſt le ſecond Ouvrier ;

L

C'eft le Maître Forgeur. Son principal
fervice eft le cinglage de la loupe ou
maffé. Sa profeffion exige qu'il ait une
parfaite connoiffance des fers. Les détails
de l'équipage du marteau doivent lui être
familiers. Il doit favoir fabriquer les *bo-
gues* ou *huraffes*, les marteaux, &c. L'entretien de tous les outils eft à fa charge;
c'eft à lui de les renouveler au befoin,
& de n'en laiffer jamais manquer.

Viennent enfuite deux *Efcolas*. Ils
font chargés du régime du feu, & de
tout ce qui concerne le fondage. Ce
font les véritables Fondeurs de ces
Forges. Un bon *Efcola* doit connoître
parfaitement la nature & la qualité de
la Mine, ainfi que celle du charbon. Il
devroit favoir diftinguer, par l'état
des craffes & du feu, l'état du maffé,
ainfi que fes altérations. Il devroit y appliquer à propos les remedes & les manipulations néceffaires.

Les *Pique-Mines* , il y en a deux , font spécialement attachés au bocard ; ils broyent & concaffent , à la main, toute la Mine néceffaire pour chaque *maffé*. Ils font obligés en outre de partager les *maffoques* , & d'emmancher ou étirer la queue des *maffouquettes*, de faire la premiere verge de chaque *maffouquette*, on l'appelle *Cabeffade*. Ils portent auffi le charbon fur l'aire du fourneau lorfqu'on le charge.

Enfin, chaque *Efcola* a fon valet pour l'aider & le fervir dans fon travail, pour lui apporter la Mine & le charbon , & pour aider à charger & entretenir le feu ; on les appelle *Miaillous*.

Ces huit Ouvriers ne travaillent à-la-fois qu'au commencement & à la fin de chaque fondage, lorfqu'il faut charger le creufet , & lorfqu'il faut retirer le maffé du feu. Tout le temps que dure le *maffé*, quatre Ouvriers fuffifent pour

le conduire, ainfi que pour cingler &
étirer les maffelottes. Ces Ouvriers alternent entr'eux par cet ordre, & font
deux bandes égales. La premiere eft
compofée du *Foyer*, d'un *Efcola*, d'un
Pique-Mine & d'un valet d'*Efcola*;
l'autre bande l'eft de même, mais elle
a le *Maillé* à fa tête.

Il feroit à défirer qu'un feul Ouvrier
réunît les doubles fonctions de *Foyer*
& de *Maillé*, ainfi que cela arrive
quelquefois. D'ordinaire les *Foyers* ne
connoiffent point les proportions de
ce qui regarde *le mail*, & les *Maillés*
ne fe mêlent point de ce qui concerne
le feu.

Ces Ouvriers n'ont d'autre favoir
que la tradition, la routine & une
grande expérience. Ce font des gens
groffiers qui n'ont point de théorie; le
plus fouvent ils font incapables de rai-
fonner fur leur Art. Ils font, pour la

plupart, d'une obſtination & d'une vanité qu'il ſera bien difficile de vaincre ;
leur ignorance ſeule peut ſouvent éga-
ler leur préſomption. Mais les procédés
des Forges leur ſont ſi familiers , & ils
en ont une ſi grande habitude , qu'ils
ſavent très-bien les appliquer , les varier même , ſelon l'exigeance des cas.
On eſt tout étonné de la facilité avec
laquelle ces huit hommes exécutent
des opérations ſi pénibles , ſi difficiles ,
ſi délicates , & qui ſemblent exiger tant
de ſavoir & d'intelligence. Plus on eſt
inſtruit de leur détail , de l'attention &
des connoiſſances qu'elles ſuppoſent ,
plus la ſurpriſe augmente.

On trouveroit difficilement une For-
ge , depuis le Comminges , juſques en
Rouſſillon , dans laquelle la plupart des
Ouvriers ne ſoient natifs du Comté de
Foix. Ils ſe répandent même juſques dans
le Béarn ; c'eſt un hommage que l'intérêt

rend à la vérité; c'eſt une preuve de la ſupériorité reconnue des Forges de cette Province.

La paie des Ouvriers eſt aſſiſe ſur la quantité du produit de la fonte. Ils ſont ainſi intéreſſés à prévenir tous les acci- dens qui pourroient le diminuer. A Vicdeſſos, on donne au *Foyer* ſix ſous par quintal de cent livres, peſé à la romaine ; ſix ſous au *Maillé*, autant à chaque *Eſcola*. Les *Pique-Mines* reçoi- vent douze ſous pour chaque maſſé de Mine que chacun bocarde, ce qui leur fait par jour vingt-quatre ſous ; ainſi, tous les frais quelconques de main- d'œuvre réunis, la façon d'un quintal de fer revient au Propriétaire, environ à trente ſous.

Après avoir bâti une Forge, conſtruit un creuſet, élevé des trompes, aſſigné les devoirs de chaque Ouvrier, il faut paſſer au détail de tous les procédés employés dans le traitement de la Mine.

DU GRILLAGE.

ON fe rappellera fans doute que j'ai déjà fait remarquer, que toutes les va-riétés de Mine de fer qu'on tire de la montagne de *Rancié*, doivent être ré-duites à deux efpeces principales; les Hématites & les Mines fpathiques, brunes ou noires. Les Mines de man-ganefe, que les Ouvriers confondent avec les Mines de fer, font encore un objet digne de confidération.

L'exploitation ne fournit pas ces différentes efpeces, dans des propor-tions conftantes, à beaucoup près. Quelquefois les Mines fpathiques abon-dent; fouvent elles font très-rares, & prefque toujours c'eft l'hématite qui domine. Il eft également des temps d'abondance & de difette pour les Mi-nes de manganefe; mais prefque toujours certaines Mines en font plus ou moins imprégnées.

Toutes ces différentes qualités de Mine font portées à la Forge, ou on les entaffe, fans précaution & fans ordre, dans des magafins que les Propriétaires foigneux & aifés ont foin de tenir toujours bien pourvus. C'eft de là que l'on tire les Mines pour les griller. Après cette opération, on les ferre dans le lieu de la Forge qui leur eft deftiné.

Les Mines de *Rancié* fe trouvent dans la pierre calcaire; elles en font plus ou moins mêlées. La nature les a pourvues du fondant qui leur eft néceffaire. Auffi n'ajoute-t-on ni caftine ni aucun autre fecours étranger pour aider à leur fufion.

Le premier traitement que l'on fait fubir à la Mine, c'eft le grillage. Il fe fait à ciel-ouvert, dans un fourneau maçonné. Sa forme eft quarrée. Ses dimenfions font arbitraires. Il y en a plu-

fieurs dans chaque Forge (1), & prefque tous font dans des proportions différentes. On fait d'abord dans cette enceinte un premier lit de gros bois. On
arrange enfuite par-deffus, alternative-
ment, une couche de charbon & une
couche de Mines. On met le feu au
bois, par une petite porte placée au
fond d'une embrafure, qui eft à une
des quatre faces, dans le bas du fourneau.

Dans cette opération, comme dans
toutes les autres, les Ouvriers ne fe
guident que par les apparences. Ils regardent un grillage comme bien fait,
lorfque la mine eft également recuite,
dans toutes les parties du fourneau, &
lorfque l'on voit que les angles du Mi-

_____

(1) Voyez les plans & la coupe verticale de ce
fourneau dans l'Encyclopédie méthodique, Planches, Tome II, Fer. Groffes Forges, 1 fect. Calcination de la Mine, Planche 4.

nerai fe font arrondis par une fufion commencée. On grille toute efpece de Mine, même la Mine fpathique. On grille promptement, & on ne craint point que la Mine foit trop calcinée. M. Vergnies m'a affuré, que l'expérience journaliere faifoit voir, que plus la Mine eft rôtie, plus elle rend de fer, & de meilleure qualité, toutes chofes égales d'ailleurs.

Cependant le but du rôtiffage eft moins de diffiper les parties volatiles & nuifibles, que de rompre l'agrégation du Minerai, & de défunir les parties terreufes d'avec les métalliques.

Une expérience générale, dit un habile Métallurgifte (1), «démontre journellement, que lorfqu'un Minerai » a trop été attaqué par le feu dans le » rôtiffage, il produit moins de mé-

____

(1) JARS, Voyages Métall., pag. 8 & 9.

» tal..... Il y a le plus grand danger
» à trop rôtir un Minerai de fer, quoi-
» que à un feu fort doux, puifque les
» molécules de fer, après avoir été dé-
» funies, perdroient peu à peu leur
» principe inflammable, & fe calci-
» neroient de façon à devenir en grande
» partie irréductibles & très-réfrac-
» taires. »

Ainfi, je crois qu'il réfulte un vrai
dommage pour les Propriétaires de
Forges, de la trop longue & trop forte
calcination qu'on fait fubir au Minerai.
Ce feroit auffi pour eux une chofe très-
avantageufe & très-économique, que
de faire trier le Minerai, & de ne griller
que celui qui, par fa nature, a befoin
d'être préparé à la fufion par le rôtiffage.
Mais les Mines fpathiques, noires &
brunes, ces Mines qui font fi fondantes
par elles-mêmes, n'ont certainement
pas befoin de cette opération prélimi-

naire. A Kleinboden en Tyrol, on ne grille point la Mine ſpathique (1).

Je paſſai, en 1774, à la Forge de *Jingla*, ſur les confins du Languedoc & du Rouſſillon ; on n'y travailloit alors que des Mines ſpathiques noires qu'on tiroit de *Moſſet*. On les grilloit au point, qu'elles avoient coulé, & qu'il eût été impoſſible de trouver un ſeul morceau de Mine qui ne portât des marques d'une fuſion très-avancée. Je doute qu'on ait retiré plus de fer d'une Mine ainſi traitée, que ſi on l'avoit miſe toute crue dans le creuſet.

Le temps de la durée du grillage n'eſt point limité ; il dépend de la grandeur du fourneau, de la quantité de matieres qu'il reçoit, & de la groſſeur du bois qu'on y brûle ; ainſi, ſuivant les diverſes circonſtances, on grille le Minerai pendant trois, ſix, huit ou dix jours.

_____

(1) *JARS*, *loc. cit.* p. 65.

C'eft encore la capacité du fourneau qui regle la quantité de Mine qu'on peut y griller à la fois; cent, ou mille quintaux, fuivant fes proportions.

Il eft très-difficile de pouvoir eftimer au jufte ce que la Mine perd dans cette torréfaction. On ne la pefe point. On en fépare, après la calcination, une grande quantité de terre, & ce n'eft, que par des à-peu-près, qu'on peut penfer qu'elle y perd un fixieme de fon poids. Le grillage fe fait par le Garde-Forge, ou par d'autres perfonnes prépofées par le Maître.

Après que la Mine a été grillée, elle eft concaffée à la main par un *Pique-Mine*. Il ne fe fert, pour cela, que d'un marteau ordinaire. Prefque jamais, à Vicdeffos, on n'emploie, pour cet ufage, le gros marteau de la Forge; aucun propriétaire ne confentiroit au bocardement continuel de la Mine, même grillée ; avec le gros marteau. Cette facilité ne diminueroit en rien le prix de la main-d'œuvre , & cependant, le marteau & l'enclume feroient fort endommagés ; l'ouvrage en feroit gâté & rendu galeux , parce que le marteau & l'enclume reçoivent , par ce bocardement, des gravures qui fe reportent enfuite fur le fer qu'on y étire. M. Du Coudrai propofe de remédier à cet inconvénient (1), en mettant une coëffe à l'enclume & au marteau pour cette opération. D'abord ce bocardement n'eft prefque pas en ufage. J'avoue qu'il feroit infiniment commode & expéditif. Mais encore faut-il que le propriétaire y trouve quelque avantage L'expédient propofé par M. Du Coudrai , pour ne point gâter le marteau & l'enclume , eft bon pour la fpéculation , mais ne

_____

(1) Mémoire fur les Forges Catalanes. Paris, chez Ruault , 1775 , pag. 56.

sauroit être mis en pratique ; il seroit bien plus simple & plus utile , si ce bocardement étoit avantageux , d'établir un marteau plus petit que celui de la Forge , & de le placer à portée des fours de grillage , ou dans tout autre lieu qui seroit plus commode.

Après que le *Pique-Mine* a concassé la Mine grillée , un valet d'*Escola* la crible avec une corbeille ; il en fait deux tas séparés ; l'un est de grosse Mine , dont les plus gros morceaux doivent être comme des noix ; l'autre est pour la Mine menue & en poussiere. On a donné à celle-ci le nom de *Greillade.*

DE LA FONTE DU MINÉRAI,

DU CINGLAGE DU MASSÉ,

DE L'ÉTIRAGE, &c.

LORSQUE la Forge a chommé, & que tout eft en ordre pour un bon travail, on n'ufe pas de grandes précautions. On allume dans le creufet quatre ou cinq fagots de bois, ou une corbeille de charbon ; on donne, au premier maffé, la charge ordinaire, & la Forge s'achemine d'abord.

Quand on veut charger le fourneau, on approche fur fon aire, & au bord du contrevent, la Mine morcelée. On pouffe le charbon du côté de la tuyere, & on le fépare du contrevent avec des pelles de fer, ou avec une planche placée à cinq pouces de diftance du contrevent. On fournit du nouveau charbon. Le Foyer l'arrange fous la tuyere.

tuyere. Il brafque le fond du creufet, ou bien il prend une ou deux pelletées de charbon froid ; il les dépofe au fond du creufet entre les pelles & le con-trevent ; il l'y preffe. Ce charbon doit fupporter la Mine qu'on va fondre. On donne de la Mine. Le Foyer la preffe fortement, à mefure qu'on la verfe de l'autre côté des pelles, ou planches de féparation. Il continue cette même ma-nipulation, jufques à ce que toute la groffe Mine foit rangée dans le creufet en forme de mur. Ce mur eft élevé en dos d'âne, dont une pente eft vers l'aire, l'autre vers la tuyere. Sa plus grande élévation eft à la ruftine ; il s'incline vers le chio. Il y a donc un intervalle entre le mur de la tuyere & la charge. C'eft dans cet intervalle qu'on jette, durant la fonte, le charbon qui doit alimenter la fonte ; on y place auffi les maffelotes pour leur donner la chaude.

M

La Mine ainſi diſpoſée, s'éleve d'environ un pied au-deſſus du contrevent. Pour empêcher qu'elle ne s'éboule, & ne ſe laiſſe tomber dans le feu, on la contient avant d'allumer le creuſet, par le moyen d'une forte croute qu'on forme avec de la braſque, de la terre & de l'eau mêlés enſemble, & qu'on applique fortement, avec une pelle, contre les charbons qui recouvrent la Mine.

Dès que le creuſet eſt ainſi chargé, & qu'on a pris tous les moyens pour prévenir l'éboulement de la Mine dans le feu, on fait ſouffler la trompe, & l'on donne à-peu-près le tiers du vent. L'*Eſcola* inſinue en même-temps, dans le feu, une becaſſe (*la raſpe*) pour faire gliſſer le charbon, & remplir ainſi les vuides que laiſſe celui qui ſe conſume devant la tuyere. Ce procédé empêche la chûte de la Mine dans le feu. Au commencement du maſſé, il ne s'agit pas de fondre, mais feulement d'échauffer la matiere & de l'aglutiner ; ainfi, on peut alors être plus économe de charbon. Lorfque l'on l'accumule, c'eft la faute de l'*Efcola*, qui le prodigue ainfi pour épargner fa peine.

Environ une heure après que le feu eft allumé, on lâche tout le vent des trompes ; il faut alors moins de précautions ; & pourvu que le feu foit bien garni de charbon, on ne craint plus l'éboulement du Minerai. Celui qui étoit placé dans le fonds du creufet, étant déjà fondu, ou tout au moins réduit à un état pâteux, foutient les couches fupérieures, qui font toujours contenues par le nouveau charbon, que l'on fubftitue à celui qui fe détruit, & que l'*Efcola* preffe, au befoin, avec un rable.

De temps à autre, & à des intervalles que l'habitude & l'expérience peuvent feules faire connoître , & qui, prefque toujours , font indiqués par l'état du feu & la qualité du laitier , l'*Efcola* enfonce un ringard (*la palenque*) entre le contrevent & la Mine ; & en le retirant vers lui , il fait paffer la Mine inférieure vers la tuyere. Il procede ainfi jufques à ce que toute la Mine foit parfaitement fondue.

Nous avons déjà vu qu'après le bocardement de la Mine , on en faifoit deux tas féparés ; l'un de la Mine morcelée ; l'autre de la Mine en pouffiere. La premiere , dont on fait un mur devant le contrevent , fert à charger le creufet. Peu de temps après que le feu a été allumé , on commence à faire ufage de la Mine en pouffiere , on la répand , au befoin , fur le charbon. Chaque fois qu'on l'emploie , l'*Efcola* verfe de l'eau fur cette pouffiere. Par ce moyen , elle hape au charbon , &

ne se précipite qu'avec lui au fonds du creuset.

Cependant, plus elle descend, plus elle s'échauffe, & elle est prête alors à recevoir le coup de vent qui la mettra en fusion, lorsqu'elle passera devant la tuyere, ou qu'elle se mêlera au laitier.

Cette Mine en poussiere sert non-seulement à augmenter le produit de la fonte, mais encore à soutenir la qualité du laitier. S'il est trop fluide, on en répand une plus forte dose ; on appelle cela *engraisser le feu*. Si au contraire le laitier est trop gras, trop épais, on diminue la quantité de la Mine en poussiere ou *greillade*, ou même on en supprime l'addition pour un temps. Il est important de ne pas trop engraisser le feu dans le commencement, parce que la *greillade*, si elle abonde, ne peut se lier avec le reste de la charge ; elle se sépare en *bourres*.

Ordinairement ce n'eſt que lorſque le *maſſé* eſt aux trois quarts , que la portion de Mine en pouſſiere eſt conſommée. Il arrive quelquefois qu'on ne peut pas l'employer toute ; mais alors , ou le feu eſt en mauvais état , ou le charbon eſt extrêmement léger. Les charbons forts demandent plus de cette Mine moins pulvérulente , & dont une grande partie eſt graveleuſe , parce qu'ils vitrifient mieux le laitier , & le rendent plus fluide. L'*Eſcola* jette ſouvent de l'eau dans le feu , ſoit pour lui donner plus d'activité , ſoit pour en rendre l'ardeur plus ſupportable pendant l'inſtant où il doit manipuler de plus près.

L'uſage a appris à l'*Eſcola* dans quelles circonſtances il faut percer le *chio*. Il a une indication pour le faire , dans la diminution de la flamme. Il eſt probable que lorſque le laitier abonde , il retient le vent , par ſa denſité , dans l'intérieur du feu ; & que celui-ci étant moins vif à la furface, produit moins de flamme.

A chaque percée du *chio*, l'*Efcola* prend garde de ne point épuifer en entier le laitier. Il en laiffe toujours une certaine quantité, que l'expérience lui a appris être néceffaire pour tenir en bain, & liquefier les parties métalliques les plus difficiles à fondre. Un inftant avant la fin du fondage, l'*Efcola balege* le maffé, comme qui diroit le balayer. Avec un ringard il abat toutes les *crêtes*, les afpérités dont fa furface eft communément hériffée. Il ramaffe toute la Mine qui n'eft pas fondue ; il la fait paffer devant la tuyere, pour qu'elle y reçoive le coup de feu, qui achevera de la fondre, & qui la fera joindre à la loupe.

Enfin, lorfque le fondage eft achevé, on arrête le vent, on enleve les charbons du creufet, on découvre la loupe, que l'on ne connoît, dans ces Forges, que sous le nom de *massé*. Alors les deux bandes d'Ouvriers se réunissent; ils soulevent le massé avec des ringards (*pal* , *palenques*) & des crochets (*pi-quots*) , & le roulent vers l'enclume. Lorsqu'on enleve le massé , il se trouve toujours, dans son œil , du fer en fusion. On jette de l'eau sur le massé ; on le renverse sur les ringards ; il coule du fer fondu, qui tombe, au fonds du creuset, en globules très-arrondis. C'est la *gre-naille*. A Vicdessos , on n'en emploie pas d'autre pour la chasse.

L'œil du massé n'est pas toujours uni & lisse ; il présente au contraire des aspérités & des pointes ; dans ce cas , lorsqu'on l'a découvert, & avant de le soulever , on frappe , avec une petite masse de bois, autour de l'œil du massé , pour abattre ces inégalités. Elles peu-vent fendre la tuyere , ou en réplier les bords , lorſque l'on enleve le maſſé.

Dans toutes les Forges l'on bat , plus ou moins , ſous le mail , avec un mar-teau , les parties extérieures de la loupe , qui ſemblent vouloir s'en ſéparer.

L'*Eſcola* diviſe enſuite le maſſé en deux parties , au moyen d'un taillant (*taillaire des maſſés*) , qui peſe environ 75 livres. Chacune de ces deux parties du maſſé porte le nom de *maſſoque* (maſſelotte). Celles-ci ſont encore partagées en deux pieces chacune , & ces pieces ſe nomment *maſſouquettes* (petites maſſelottes). Après la diviſion du maſſé en deux *maſſoques* (maſſe-lottes) , on en couvre une de charbons ardens , ſur le ſol même de la Forge , pour qu'elle conſerve ſa chaleur durant qu'on cingle l'autre.

Cependant on ne perd pas de temps ; comme deux Ouvriers ſuffiſent pour le cinglage , les fix autres travaillent à force à recharger le creufet pour un nouveau fondage , & ils y procedent de la maniere que je l'ai expliqué.

Dès que le maffé eft enlevé, le Foyer fe met en devoir de *defenroula le foc* , c'eft-à-dire, de nettoyer le creufet avec des ringards , & fur-tout fes angles. Car , quoiqu'ils foient arrondis , il s'y dépofe toujours , durant la fonte , des fcories & des *écailles* mêlées de charbon.

Chaque fondage dure ordinairement fix heures ; mais il n'en faut réellement que cinq & demi , parce qu'on emploie demi-heure pour enlever le maffé , & pour recharger le creufet. Cependant il arrive quelquefois que , fans augmenter la dépenfe du charbon , la nature de la Mine exige que la durée du feu fe pro-longe jufques à fept heures , & même fept heures & demie.

Tout étant en ordre dans le creuset, le feu allant son train, & le nouveau massé étant commencé, on s'occupe de débiter les masselottes. La premiere étant chaude, on la divise en deux *massouquettes* ; on étire l'une, & l'on laisse chauffer l'autre. Ce sont les *Pique-Mines* qui partagent *les massoques*. Lorsqu'on a débité la premiere *massouquette*, on enleve du feu la seconde pour l'étirer. Alors le feu est vuide. Il n'y a plus de fer au suage. On y place donc la seconde *massoque*, elle chauffe pendant qu'on débite la seconde *massouquette* de la premiere *massoque*. On n'emploie jamais, pour étirer & pour débiter tout le fer d'un massé, que le même feu qui en produit un second; & on étire tout le fer d'un massé, durant le massé suivant.

La charge ordinaire du fourneau est de neuf cents pesant, de Mine grillée

& bocardée. Les deux tiers font à peu-
près placés dans le creufet, au commencement de l'opération ; l'autre tiers eft
cette Mine menue , & en poufliere ,
qu'on réferve , pour la répandre à diverfes reprifes fur les charbons durant
la fonte. Les neuf quintaux de Mine
confument , lorfque la Forge va bon
train, de onze à douze quintaux de
charbon, & le maffé donne au moins
trois cents cinquante à quatre cents
livres pefant de fer forgé.

Quand la Forge marche bien durant
les fix jours ouvrables de la femaine ,
tout le travail fe porte à vingt-quatre
feux. Ils donnent communément quatre-
vingts-dix quintaux de fer en barre.
Quelquefois on pouffe jufqu'à cent
quintaux ; mais il faut pour cela un
concours bien rare & bien favorable
d'une foule de circonftances. Ainfi,
l'on ne peut pas dire, avec précifion,

quel eft le véritable produit de la Mine de *Rancié*; mais on peut eftimer qu'elle rend de trente - cinq à quarante au quintal.

Tant s'en faut que les réfultats des maffés foient toujours les mêmes, tant pour la quantité du fer, que pour fa qualité ; rien au contraire de plus variable, même dans les Forges les plus allantes & les mieux dirigées. Cette variation fe porte jufques à cent cinquante livres de différence dans le poids d'un maffé à l'autre ; & cependant la confommation des matieres eft à peu-près la même.

Plufieurs caufes concourent à ces variations très-fingulieres; elles font trop importantes pour qu'on puiffe négliger d'en rechercher les caufes & les remedes. Pour ne pas interrompre la fuite des faits que je rapporte, par des difcuffions, qui tiennent plus à la fpécu-

lation qu'à la pratique, je vais pourfuivre ma marche, me réfervant toutefois
de propofer, avant que de finir, mes
obfervations & mes vues, fur un point
qui a de fi grandes conféquences.

DE LA NATURE

*Et des différentes qualités du fer , produit
par les procédés du Comté de Foix.*

LES perſonnes qui ne connoiſſent
que le fer qui ſort des Affineries ,
ſeroient bien étonnés de voir que le
maſſé , dans les Forges des Pyrénées,
donne trois qualités différentes de fer ;
ſavoir , le *fer doux* , le *fer fort* , & le
fer cedat , ou acier , que M. Du Coudrai
propoſe d'appeler acier natif (1) , &
qu'on connoît plus ordinairement ſous
le nom d'acier *naturel*.

Le fer doux eſt un fer qui a ſingu-
lierement du nerf ; il peut être comparé,
& même , avec un peu de choix , être
préféré aux fers de France , les plus
réputés pour leur bonté. Il ſe tire ordinairement du milieu du maſſé. Un tiſſu

(1) Loc. cit. p. 81.

très-ferré & granulé , la couleur de plomb, & quelques petites parcelles de nerf, font les caractères du fer fort. Cette qualité fe trouve , le plus fré-quemment , fur les bords & à la fur-face du maffé, comme l'a dit M. de Réaumur (1) ; mais plus particuliere-ment à cette partie qui correfpond au *chio* du creufet , & que l'on nomme la *poupe*, c'eft-à-dire, le teton du maffé ; parce qu'en effet cet endroit du maffé fe termine toujours par une pointe arrondie. Elle eft occafionnée par le laitier, qui, paffant toujours par cet endroit, lorfque l'on lui donne iffue hors du creufet, y dépofe des parties mé-talliques, & prolonge le maffé de ce côté.

Le fer fort eft excellent pour la fabri-cation des outils aratoires, pour les che-villes de la Marine, la groffe clouterie,

(1) Art de convertir le fer en acier, p. 249.

pour

pour l'Agriculture, les Voitures, & en général pour tous les usages qui demandent des fers fermes & durs. On s'en sert, à Vicdessos, pour acierer les pics des Mineurs.

Parmi le fer fort, celui dont le grain est le plus fin, le tissu plus serré, & qui après la trempe dans la Forge, laisse paroître à sa surface des fractures transversales, appelées *cedes* (soies), est le fer *cedat*; c'est le véritable acier natif; on l'emploie pour les tranchans; on en fait même de bonnes limes.

Si l'on examinoit ces fers avec rigueur, on seroit forcé de n'en admettre que deux qualités ; le *fer doux* & le *fer fort* ; le *fer cedat* n'est en effet qu'une variété accidentelle de ce dernier. On ne distingue le fer *fort* du fer *cedat*, que parce que celui-ci casse à noir, ou à violet, aux fractures transversales qui s'y forment avant ou après la trempe,

N

tandis que le *fort* caffe à blanc ; ce caractere feul fuffit pour mériter au fer la dénomination de fer *fort* , fans qu'on confidere , ni la fineffe du grain , ni la qualité. Si une *platte* (lame), pefant 25 livres, a une *cede* (fracture), cette fracture eft noire ; que l'on caffe 'le même morceau un peu plus bas , il caffera à blanc ; dès-lors, vu de ce côté, il fera jugé fer fort, tandis que de l'autre, la fracture noire le fera prendre pour du fer *cedat*. Il peut fe faire auffi que le bout caffé à blanc fera meilleur , aura le grain plus fin que celui caffé à noir ; dès-lors il devroit avoir la préférence, car il eft réellement plus acier. Ainfi les caracteres qui fervent à diftinguer le *fer fort* du *fer cedat* , font variables, trompeurs même : ces deux qualités n'en font qu'une feule , dans laquelle il y a une infinité de nuances, tout comme dans le fer doux. Tout fer fort eft donc de l'acier natif. Ainfi je ne crois pas devoir les diftinguer l'un de l'autre.

« Le fer qui, avec beaucoup de ducti-
» lité, de malléabilité, eft fort dur,
» dit M. Jars, & qui n'eft caffant ni
» à froid ni à chaud, n'eft pas vrai-
» femblablement le fer le plus pur;
» mais il eft, fans contredit, le meilleur
» que nous puiffions défirer (1) ». Tels font, en général, les fers fabriqués dans les Forges des Pyrénées, & fur-tout dans celles du Comté de Foix. Ils ne caffent ni à chaud ni à froid; ils font très-ductiles, & fe foudent dans la derniere perfection. C'eft du fer à vingt-quatre karats, comme l'a dit M. le Comte de Buffon. Ces fers font même malléables au fuprême degré, malgré leur nerf & leur dureté extrême; car ils en ont infiniment plus que ceux qui ont été travaillés dans les Affineries. C'eft ce

_____

(1) JARS, loc. cit. p. 3.

dont il eſt aiſé de ſe convaincre par l'expérience dans les Atteliers, & par la comparaiſon de nos fers avec ceux des diverſes fabriques. C'eſt ce que m'ont atteſté grand nombre d'Ouvriers, & notamment ceux qui ont fabriqué cette belle barriere, que les Etats de Langue-doc, toujours attentifs à ce qui peut être utile, ont fait ſubſtituer à une porte gothique, très-incommode, d'un des quais de Touloufe (1).

---

(1) Cette grille a dix-neuf toiſes de longueur, ſur quatorze pieds ſix pouces de hauteur. Elle peſe ſept cents ſoixante-huit quintaux, ſans y comprendre la friſe. Tout le fer qui y eſt entré, a été fabriqué à la Forge de *Niaux*, près de Tarafcon. Les différens membres de la corniche de cette barriere ſont profilés avec une précifion, qui m'a d'autant plus étonné, que j'ai ſu qu'ils l'avoient été dans cette Forge. Cet eſſai fait le plus grand honneur aux Ouvriers de la Vallée, & montre en même-temps de quoi ils feroient capables, s'ils étoient inſtruits.

C'eſt dans le vaſte Attelier du ſieur Paul, Maître Serrurier à Touloufe, que j'ai vu travailler à ce

Cette dureté tient effentiellement à la maniere d'opérer ufitée dans nos Forges. Elle provient de ce que cette méthode réuniffant, dans le même feu, les trois opérations de la fabrication du fer, c'eft-à-dire, la fufion du Minerai, l'affinage de la fonte & le fuage du fer, donne à ce métal, dans le maffé, un degré plus ou moins fort d'aciération, qu'il ne peut acquérir dans les autres méthodes, qu'après avoir fubi fucceffivement toutes ces opérations, & d'autres encore plus appropriées.

Lors de l'étirage, on reconnoît le fer qui paroît être le plus propre à être du bon fer fort, & on débite les barres chaudes d'après ces apparences. Comme

grand Ouvrage. Le chef des Ouvriers, nommé Champagne, garçon intelligent, qui a long-temps travaillé à de groffes befognes, & qui connoît bien les fers d'Alface, de Franche-Comté, de Bourgogne, du Berry, &c. ne ceffoit de fe récrier fur la dureté de ceux du Comté de Foix.

la *poupe* du maffé contient toujours de l'acier, on a foin de la placer à un des bouts de la *maffoque* (maffelotte).

Les différentes qualités de fer que fournit à la fois le maffé, n'y font point placées pêle mêle. Elles y font contenues par couches contiguës & fucceffives ; ce qui fait un paffage infenfible d'une qualité à l'autre. On juge par là qu'il eft impoffible à l'Ouvrier qui fait l'étirage, quelqu'habile & quelqu'attentif qu'il puiffe être, de diftribuer les barres de telle forte, que chacune ne contienne abfolument qu'une feule qualité de fer. Il arrive donc fréquemment qu'une barre contient du fer de trois qualités différentes ; mais c'eft toujours d'une maniere diftincte. Je veux dire qu'il n'y a point de confufion entre ces qualités de fer, & qu'elles ne font point réunies en une feule qualité mixte. Elles font placées indifféremment dans une

barre ; mais d'une maniere tranchée ,
& chaque qualité y eft dans toute fa
pureté. Lorfque l'on veut mettre ce fer
en œuvre dans les Arts, il n'eft pas
bien difficile à un Ouvrier quelconque,
habitué à manier le fer, de féparer ces
différentes qualités. Il prévient , par ce
moyen , les inconvéniens qui peuvent
réfulter du mêlange des différens fers ,
pour des ouvrages de conféquence ,
qui demandent un fer toujours égal ,
facile à traiter , foit à froid , foit à
chaud , & d'une pâte homogene.

Du refte, fi ce mêlange de diverfes
qualités de fer dans une même barre,
étoit un reproche, il ne devroit pas être
fait feulement à nos Forges. Ce n'eft
point un défaut particulier à la méthode
qu'on y fuit ; il eft commun à toutes
les manieres connues de fabriquer le fer.
C'eft plutôt un vice inhérent à la nature de la chofe, auquel il paroît im-

poſſible d'apporter quelque remede.

Le produit du travail des Forges
étant auſſi variable que nous l'avons
remarqué , tant pour la quantité , que
pour la qualité de fer ; on ne ſauroit
aſſigner la ſomme de fer fort, ou acier
natif, qu'une forge en bon train peut
rendre chaque année. Cependant , en
prenant la totalité du travail d'une
année d'une Forge bien conduite , on
peut avancer , ſans crainte d'erreur ,
que la quantité du fer fort ſe porte à
$\frac{25}{100}$. Mais tant s'en faut que cette évalua-
tion puiſſe être la même dans toutes les
Forges. Il en eſt où l'on obtient habituellement un grand produit en fer fort
& en fer cedat, tandis que d'autres n'en
rendent preſque point. Les Forges de
Vicdeſſos, par exemple , en rendent
une quantité bien plus grande que les
autres. Sur la fin de Septembre 1785 ,
la Forge de *Guille* donna à M. Vergnies

de Bouifchere, vingt-fept quintaux de fer fort fur dix-neuf feux. Un maffé de trois cents foixante-fix livres fut tout entier d'acier natif.

On fe tromperoit groffierement, fi l'on croyoit que les aciers natifs, en fortant de la Forge, font de la même qualité que ceux qu'on vend pour tels dans le commerce, & que nous tirons en grande partie d'Allemagne. Il s'en faut bien. On pourroit avec un peu de choix, & en les reforgeant, rendre les nôtres tout au moins comparables à ceux de l'Etranger ; mais quoique dans plufieurs cas, on les faffe fervir aux mêmes ufages que ceux du commerce ; tels qu'ils font, ils ne fauroient leur être fubfti- tués. On n'avoit pas ménagé ce produit de l'induftrie du Comté de Foix. Le Fermier de l'impôt de la marque des fers, s'étoit imaginé que le feul nom d'acier fuffifoit, pour affujettir le fer

cedat, aux mêmes droits qu'on perçoit
fur les aciers du commerce. Un Propriétaire de Forge du Comté, démontra
dans un bon Mémoire, la différence
qu'il y avoit entre eux , quant à leur
fabrication & à leur qualité. Les pré-
tentions du Fermier furent juſtement
proſcrites.

SENTIMENS DES AUTEURS

SUR LES CAUSES DE LA FORMATION
DE L'ACIER NATIF.

Faits oppofés à leurs affertions.

LA formation de l'acier natif ou naturel, dans le *maffé* des Forges Pyré-
néennes, eft un de ces faits finguliers,
qui a dû piquer la curiofité des Phyfi-
ciens. Dans le nombre de ceux qui ont
tenté de l'expliquer, M. Du Coudray (1)
eft le feul, qui n'ait pas adopté les idées
de Reaumur, & de Swedenborg. Non-
feulement il rejette l'explication de ce
phénomene métallurgique propofée par
ces deux Savans, mais encore il réfute
leur théorie, & en établit une contraire.

Je me garderai bien, dans un Ouvrage
confacré à établir des faits, de me livrer à

_____

(1) Loc. cit. pag. 74 jufques à 77.

des difcuffions purement fpéculatives,
dans lefquelles je courrois le rifque de
m'égarer, ainfi que l'ont fait les hommes
recommandables dont je viens de parler.
Mais de cela même que je me fuis impofé la loi de ne rien taire de tout ce
que j'ai pu obferver ou apprendre ; je
ne puis m'empêcher de réfuter l'explication de Reaumur, de Swedenborg,
& de M. Tronfon Du Coudray, parce
que ces Savans lui ont donné pour bafe
des erreurs palpables, des faits mal vus
ou trop fuperficiellement obfervés.

Swedenborg eft porté à croire qu'il
y a des Mines d'acier. Reaumur avoit
avancé le premier cette idée, évidemment fauffe, dans l'acception & l'étendue que ces deux Savans lui ont donné.
Notre célebre Académicien ajoute, que
cet acier provient du procédé que l'on
emploie. Il confifte, felon lui, à laiffer
refroidir le maffé, dans le creufet où il

a été fabriqué..... Par ce moyen, il se
purifie & s'aciere de lui-même..... On
donne le complément à l'acieration, en
faisant repasser le massé à un feu sem-
blable à celui des affineries.

On avoit étrangement surpris la
bonne foi de M. de Reaumur. Il n'a-
voit point vu nos Forges ; il en a
parlé sur de simples Mémoires ; voilà
la cause de ses erreurs. Les faits que
ce Savant a avancé font l'inverse de
ceux qui se pratiquent, & qui appartiennent essentiellement à cette méthode de fabrication. J'ai déjà rapporté
avec quelle promptitude on enleve le
massé du creuset, afin de ne pas perdre
un instant pour le recharger, & pour
commencer un nouveau fondage. On
a dû remarquer qu'il n'y a qu'un fourneau & un seul feu ; qu'il sert en même-
temps à fondre le Minerai, & à donner
aux masselottes les chaudes nécessaires

pour l'étirage. Le maffé eft entierement corroyé, étiré, débité en barres, & chaque qualité de fer mife à part & reliée avant qu'on n'enleve du feu le nouveau maffé, qui fuccede à celui qu'on vient d'étirer. Cette courte récapitulation fuffit pour démontrer le peu de vérité des faits avancés par M. de Reaumur.

On fera furpris que M. Du Coudray ne fe foit pas piqué de plus d'exactitude, lui qui avoit parcouru le Comté de Foix, dans la feule vue d'y obferver les procédés particuliers de la fabrication du fer. Nous devons cependant rendre juftice à fa bonne foi. Il a cru voir les faits qu'il a avancés : fon erreur étoit involontaire; elle avoit pour caufe le fyftême que ce Savant s'étoit formé fur l'infufibilité abfolue du fer. D'ailleurs, le féjour qu'il fit dans nos Forges fut trop court, pour qu'il pût y obferver tous les faits & tous les phénomenes qu'elles peuvent préfenter.

Ce Militaire inſtruit, avance avec M. de Reaumur, que l'acier exiſte toujours au-dehors du maſſé, & jamais dans l'intérieur. Il poſe pour le ſecond principe de ſa théorie, & le plus eſſentiel, que dans le creuſet du Comté de Foix, la Mine ne ſubit jamais une véritable fuſion ; qu'on n'y fond que ſes parties terreuſes ; que les parties métalliques ſont miſes ſeulement dans un état pâteux ; qu'elles ſe collent & ſe reſſemblent, &c. (1).

Cette ſeconde erreur de fait, eſt d'autant plus importante, qu'elle tient à une grande queſtion de métallurgie, & qu'il ſemble que ce ſoit ſur ce fondement que s'eſt appuyé le ſublime Peintre de la Nature, M. le Comte de Buffon, lorſqu'il a dit que nos Maſſés ſe forment « par une demi-fuſion, par

(1) *Ibid.* p. 75.

» une efpece de coagulation de tou-
» tes les parties ferrugineufes de la
» Mine (1). »

Reprenons ces faits, & rétabliffons-
les dans toute leur vérité. Il eft généralement vrai qu'on tire plus fouvent
l'acier des bords, & de la furface du
maffé, que de fon intérieur; mais tant
s'en faut que ce foit une loi conftante.
Elle a des exceptions trop fréquentes
& trop confidérables, pour qu'on puiffe
en faire un principe invariable.

En effet, il n'eft pas rare de voir tirer
de meilleur acier de la feconde barre
que de la premiere, qui formoit un des
bords du maffé. Ici il faut s'en rapporter de préférence au témoignage d'un
Phyficien inftruit, qui épie & dirige
toute l'année, d'un œil attentif & exercé, la marche de fa Forge. M. Vergnies

(1) Suppl. tom. II, Mém. fur la fufion des Mines
de fer, pag. 80.

de

de Bouifchere a vu fouvent des maffés entiers ne donner abfolument que de l'excellent acier, fans la moindre apparence de fer doux. Il voit fréquemment tirer du fer doux des bords & de l'extérieur du maffé, tandis que la feconde, la troifieme, la quatrieme barre, qui étoient plus intérieures, & du cœur pour ainfi dire de la loupe, ne produifent que du bon acier.

Le fecond fait avancé par M. Du Coudrai, touchant l'infufibilité du fer & de la Mine, a encore moins de fondement. Il importe de le renverfer, & pour le feul intérêt de la vérité, & parce qu'il eft d'une grande conféquence pour la perfection de l'Art.

J'ai vu dans plufieurs Forges des Pyrénées, plufieurs Savans l'ont vu comme moi, & M. Vergnies l'obferve fouvent dans la fienne; j'ai vu, dis-je, couler du fer, je l'ai vu couler abon-

O

damment : j'ai même tourné cette fonte autour d'un ringard, & je l'ai moulée fur fa pointe. M. Vergnies en a vu couler plus de vingt-cinq livres d'un trait. Cela n'arrive que fur la fin du maffé, lorfque la matiere eft plus près de la tuyere. M. Vergnies fait prendre cette fonte au fortir du chio ; il la fait détacher du maffé, auquel elle adhere ; il la fait étirer de fuite. Ce fer eft tout auffi dépuré, & auffi malléable, que celui du maffé. Plufieurs Forgeurs ont affuré à M. Vergnies, que dans d'autres Forges, ce fer coulé eft de l'acier excellent. S'il refte encore des Pirrhoniens fur cet article, M. Vergnies leur donnera la fatisfaction de faire couler & fabriquer de ce fer, fous leurs yeux, à volonté.

Il eft même des cas & des circonftances où le maffé a une telle propenfion à couler ainfi, que l'*Efcola* a toute la peine poffible d'en arrêter l'écoulement. Si, après qu'il a coulé par le trou du chio, l'*Escola* n'a pas l'adreſſe de détacher cette coulée du maſſé, avant qu'elle ne ſe refroidiſſe un peu trop, on ne peut plus enlever le maſſé du creuſet ſans démolir le *chio*.

Une expérience facile prouve, que même dans l'état ordinaire du maſſé, & lorſqu'il n'eſt pas diſpoſé à couler par le chio, une portion du Minerai, éprouve toujours une fuſion complette. Lorſqu'il y a à peu-près un tiers ou la moitié de la Mine qui a fondu, on n'a qu'à plonger une baguette de fer, *le Cilladou*, dans ce qu'on appelle *l'œil du maſſé*. On l'en retirera chargée & enveloppée d'une couche de fer; & ce fer eſt ſi doux, qu'on ne peut le diviſer qu'à coups redoublés.

Ce n'eſt pas que je veuille prétendre que le maſſé ſe forme en entier par une fuſion complette : il peut ſe faire que non; la fuſion d'une partie du maſſé

eſt un fait vrai & fréquent. L'autre,
n'eſt encore qu'hypothétique, ou tout
au plus appuyé ſur des expériences faites
en petit, ſouvent contredites par les
procédés exécutés en grand, & auxquelles d'ailleurs on peut en oppoſer de
contraires.

Quoi qu'il en ſoit, c'eſt un fait in-
conteſtable, que la Mine de fer peut
éprouver dans les creuſets des Pyrénées,
une fuſion complette; & ce qui eſt bien
d'une autre importance, qu'on obtient
par cette méthode une fonte pure &
malléable. Or, tout le monde ſait
combien une télle fonte ſeroit précieuſe
pour les Arts, & ſur-tout pour l'Artillerie. Juſques ici on l'a regardée
comme impoſſible. Lorſqu'on aura bien
étudié nos Forges, on croira à ſon
exiſtence, & on verra que ce n'eſt
qu'en imitant les procédés qui y ſont
en vigueur, qu'on pourra eſpérer de
l'obtenir en grand.

FAITS RELATIFS
A LA FORMATION
DE L'ACIER NATIF.

IL eſt ſans doute très-difficile, & peut-être impoſſible de déterminer la véritable cauſe de la formation de l'acier natif dans le *maſſé*. On eſt forcé, malgré les ténebres qui voilent ce beau phé-nomene, de reconnoître que pluſieurs agens y concourent inconteſtablement. Lorſqu'on a étudié cette méthode, on ne peut s'empêcher de regarder la ma-nipulation comme un des plus puiſſans & des plus efficaces. Il n'arrive que trop ſouvent, qu'un *Eſcola* fait un maſſé très-riche en acier, tandis que celui que ſon camarade fondra après lui, n'en donnera que très-peu, ou point du tout. Cependant ils travaillent l'un & l'autre, avec une parfaite égalité,

de matieres, d'inftrumens & de circonftances. Malheureufement cette variation ne fe foutient que trop long-
temps.

Que fi l'on demande à un *Efcola* de
faire de l'acier, on eft affuré qu'il y
réuffira. Pour cet effet, il répandra fur
le charbon beaucoup moins de *greillade*
ou Mine en pouffiere. Il pouffera plus
fréquemment la Mine vers la tuyere,
& avec moins de force; il donnera
plus de charbon au fourneau; il multi-
pliera les percées du chio : fur toutes
chofes, il emploiera beaucoup plus de
temps pour faire fon maffé ; car on a
toujours plus de fer fort lorfqu'on travaille lentement. De fon côté, le *Foyer*
y contribuera auffi, en tenant la tuyere
plus horifontale, & le contrevent plus
renverfé. Par tous ces procédés, on
obtiendra de l'acier à volonté ; mais ce
fera au préjudice de la fonte ; car alors

on en diminuera fouvent le produit.

La qualité du charbon a auffi une influence particuliere fur la formation de l'acier natif. Quelques Praticiens veulent que le charbon de pin & de fapin, & en général des bois réfineux, foit le plus propre à la fonte du fer. Je le croirois volontiers, puifque, lorf-qu'on travaille avec des charbons de cette efpece, la Forge marche plus rapidement, le maffé eft plutôt fait, mais le fer qui en provient eft très-doux. Ces charbons brûlent mieux, plus promptement, & avec plus de vivacité que ceux des bois durs; leur flamme attaque plus intimement la Mine, lui donnent plus de phlogifti-que, la chauffent, la pénetrent & la liquefient plus vîte. Le fer fait avec ces charbons eft très-duétile & très-ner-veux; mais auffi il eft moins compaéte, moins grenu, moins dur; par conféquent ces charbons, très-propres d'ailleurs à la fonte, le font très-peu à la formation de l'acier natif.

L'expérience vient ici à l'appui de cette théorie. Dans celles des Forges des Pyrénées, où l'on ne brûle que des charbons de fapin ; par exemple, à *Belefta*, au Diocefe de Mirepoix, qui appartient à M. le Duc d'Eftiffac, où le charbon des bois réfineux eft abondant, on fait très-peu d'acier, fur-tout relativement aux Forges qui font alimentées par des charbons de chêne. On a très-bien obfervé cette différence à Vicdeffos, où l'on a quelquefois occafion de brûler de toute efpece de charbon. On n'y fait jamais d'auffi bon fer, & on n'en retire jamais autant d'acier, que lorfque l'on fe fert, pour la fonte, du charbon de bois dur, mais par préférence de celui de chêne. Cependant, le charbon de chêne feul n'eft pas fans inconvénient, fur-tout celui de chêne noir; le fer de ces fontes eft dur & rude, &c. M. le Comte de Buffon penfe « que le bois de chêne » contient de l'acide, qui ne laiffe pas » d'altérer un peu la qualité du fer...... » & que la cuiffon du bois de chêne » en charbon ne lui enleve pas l'acide » dont il eft chargé (1) ». La nature de cet acide bien conftatée, expliqueroit cet effet pernicieux du charbon de chêne, employé feul dans nos creufets.

M. Vergnies de Bouifchere, qui n'a pas négligé cette partie importante de l'Art des Forges, croit que la manipulation peut corriger les mauvais effets du charbon de chêne, employé feul. Il pofe comme un fait hors de toute conteftation, que le charbon de hêtre eft plus favorable à la fonte, que fans nuire en aucune maniere aux qualités

_____

(1) Minéraux, tom. 11, art. du fer, p. 459.

du fer, il donne un produit au moins égal. Aussi a-t-il grand soin de mêler les charbons, lorsqu'il le peut commodement (1). Du reste, c'est une chose digne de remarque, que les deux tiers des charbons avec lesquels on travaille dans les Forges de Vicdessos, sont de hêtre; l'autre tiers est de chêne & d'autres bois divers. Je pourrois citer encore plusieurs Forges, sur-tout en Languedoc, où on ne travaille qu'avec des charbons de chêne; on y obtient

(1) Sur la fin de Septembre, l'eau manquant à la Forge de *Guille*, on ne fit que dix-neuf massés en une semaine. Le produit en acier fut de vingt-sept quintaux; la semaine précédente en avoit rendu vingt-deux quintaux; & ce qui déroute la théorie, & toutes les observations de l'influence des charbons sur la qualité du fer, c'est que tout ce travail fut fait avec des charbons de hêtre, mêlé à-peu-près à un bon tiers de pin & de sapin. La lenteur du travail a pu influer sur cette rare production de l'acier. J'examinai les Mines dans le magasin. Elles étoient étonnemment chargées de manganese.

communément très - peu d'acier , &
d'une qualité très-inférieure à celui de
Vicdeffos.

On pourra m'oppofer , je le fais ,
l'exemple des Forges , où , avec le feul
charbon de chêne , on fait fouvent
quantité d'excellent acier, telle que celle
de *Niaux* & de *Siguier*. Je conviens de
ce fait. Il ne détruit pas les principes
que j'ai établi , d'après l'expérience la
plus générale. C'eft une exception , de
laquelle il n'eft guere poffible de rendre
raifon. Par malheur ce n'eft pas en ce
point feul que l'on en rencontre. La
théorie eft ici très-fouvent en défaut ,
& l'on voit les contraire produire conf-
tamment les mêmes effets. Les trompes
vont nous en fournir une nouvelle
preuve. On ne fauroit révoquer en
doute leur influence fur la bonté du
maffé , non plus que fur la formation
de l'acier natif. En général , les trompes

les plus baſſes donnent plus de fer fort que les autres. Témoin celle de la *Vexanelle*, à Vicdeſſos. Elle n'a que huit pieds ſix pouces de chûte. On peut en donner pour raiſon que le travail s'y fait plus lentement. Dans les trompes qui ont une grande élévation, la fonte marche plus vîte ; on y fait aſſez régulierement quatre feux par jour ; & ſi elles ne donnent pas auſſi conſtamment du fer fort que celles qui ſont baſſes, on pourroit attribuer cette différence à la précipitation de la fuſion. Les corps des trompes de pluſieurs Forges, en Languedoc, ſont des plus élevés ; on y travaille très-promptement ; & telle eſt, ſans doute, la raiſon principale du peu d'acier qu'y rendent les maſſés. Mais la Forge de *Caponta*, à Vicdeſſos, a des trompes très-hautes. Celle de la Forge de *Lacombe*, près de Taraſcon, a, tout au moins, une toiſe au-deſſus

de celles du Languedoc déjà citées.
L'une & l'autre donnent habituellement
du bon acier. L'on fe perd dans la
théorie , lorfque l'on voit , dans les
faits , des contradictions auffi frappantes,
& nous aurons occafion d'en reconnoître
bien d'autres.

La nature & la qualité de la Mine
ne contribuent pas peu à l'abondance
& à la bonté de l'acier dans le maffé.
J'ai fait obferver que les Mines de
Rancié fourniffoient des Hématites &
des Mines fpathiques , brunes & noires.
Il eft probable que c'eft d'un heureux
mêlange , quoique fortuit , de ces deux
qualités de Minérai , que dépend , en
partie , dans certains cas , la formation
de l'acier. Toujours eft-il vrai que les
Mines fpathiques , qu'on appelle dans
certains pays *Mines d'acier* , traitées
dans nos Forges , ne donnent généralement qu'un fer très-doux , & qui a

beaucoup de nerf ; il eſt très-rare ,
lorſqu'elles abondent , que les maſſés
donnent de l'acier ; tout au contraire (1),
on n'en fabrique jamais autant , que
lorſque l'Hématite domine dans l'exploitation. Au moment où j'écris (2) ,
à peine trouveroit-on , à Vicdeſſos ,
quelques morceaux de Mine ſpathique ;
cependant , M. Vergnies m'apprend
qu'on y fabrique beaucoup d'acier. Ce
n'eſt pas que je croie que l'Hématite
par elle-même ſoit plus propre à donner

(1) En 1772, M. Vergnies fit faire, dans ſa Forge,
un maſſé avec quatre quintaux de Mine cuite , &
le reſtant de la charge fut fait des Mines riches ,
ſpathiques noires du *Tartier* , toutes crues. Elles
étoient ſi douces, que le *Pique-Mine* les broyoit
avec la plus grande facilité. Il fut employé environ
dix quintaux de charbon de hêtre excellent & très-
menu. Le produit fut étonnant, 425 livres ; ſur quoi
on obtint deux quintaux de fer fort ; ce fait auroit
dû être ſuivi , & confirme mon opinion ſur l'inutilité
du grillage des Mines ſpathiques noires.

(2) Au mois de Février 1784.

de l'acier, que la Mine fpathique, noire ou brune ; mais comme les Hématites de *Rancié* portent prefque toujours avec elles une affez forte dofe de manganefe, dont on fait que les Mines fpathiques noires font le plus fouvent privées, ce demi-métal doit être regardé comme une des principales caufes de la formation de l'acier dans nos maffés ; exiftence qu'une manipulation lente ou précipitée, favorife ou fait évanouir.

Cette opinion a befoin d'être développée & appuyée par des faits, parce qu'elle eft nouvelle, & contraire aux idées que quelques Savans confervent encore fur la nature de ce demi-métal ; malgré les expériences des Bergman, des Morveau, des Woulfe, des Gahn, des Kirwan, des Schéele, &c.

DE LA MANGANESE,

Confidérée comme un des Agens de la formation de l'acier natif.

LORSQUE j'étois occupé d'une fuite de recherches & d'expériences fur la manganefe, entre plufieurs faits fin-guliers concernant ce demi-métal, j'en avois remarqué deux qui intéreffoient particulierement nos Forges des Pyré-rénées (1). Le premier eft la propriété que je lui avois reconnue, d'aider à la fonte du fer, d'ajouter à fa qualité, & fur-tout de contribuer d'une maniere fenfible à la formation de l'acier natif. « Un fait hiftorique, me difoit M. » Vergnies de Bouifchere (2), prouve

(1) Voyez ma Lettre à M. de Morveau, que ce profond Chimifte fit inférer dans le Journal de Phyfique, Tom. XVI, année 1780, part. II, pag. 156.

(2) Lettre du 27 Mars 1780.

» que

» que la manganese épure la fonte, &
» fert à la rendre plus riche en acier.
» Depuis 1766 jufques en 1771, nous
» avons fait fi peu d'acier, qu'à cette
» derniere époque je n'en trouvai pas
» à Vicdeffos, où il y a cinq Forges,
» pour aciérer quatre ou cinq pioches.
» On exploitoit alors les belles Mines
» fpathiques noires du *Tartié*. Je fis
» percer la montagne, le *Tartié* s'é-
» puifa ; nous eûmes de riches veines
» d'hématite abondamment chargées
» de manganese, & de ces Mines
» terreufes & fpongieufes, qui en font
» fi fortement imprégnées. Ma feule
» Forge, depuis cette époque jufques
» à ce jour, a fait plus de huit cents
» charges (deux mille quatre cents
» quintaux) de fer fort, ou d'acier
» excellent ».

A ce fait, attefté par un Phyficien,
auquel on doit foi entiere à plus d'un

P

titre, je pourrois en ajouter une foule
d'autres, tout auffi probans, que j'ai
recueilli, & fouvent vérifié dans diverfes Forges des Pyrénées. Il fuffira,
je penfe, de rapporter que dans toutes
les Forges qui travaillent avec le Minérai
de *Rancié*, & je citerai celle de *Ville-
neuve*, appartenant à M. le Marquis de
Mirepoix; c'eft, dis-je, un fait inconteftable dans toutes ces Forges, que
déjà un peu avant 1766, on n'y faifoit
prefque plus d'acier; ce qui dura jufques
en 1775. Depuis cette époque, qui eft
celle où les manganefes reparurent, jufques en 1781, où elles étoient deve-
nues très-rares, non-feulement le fer
y a été excellent, mais encore les
maffés ont été riches en acier. La manganefe difparut de nouveau. On retomba
dans l'état, où l'on étoit avant 1766.
On en a extrait encore en 1783, 1784,
& avec abondance fur la fin de 1785:

avec elles on a obtenu beaucoup d'acier, dumoins dans la vallée de Vicdeffos, & dans les Forges du Mirepoix.

La propenſion qu'a la manganeſe à paſſer à l'état de verre, peut aider à concevoir de quelle maniere elle coopere à la bonté de la fonte & à la formation de l'acier. C'eſt un véritable flux que la nature a préparé elle-même, & qu'elle a ajouté aux Minérais, qui en avoient beſoin, tandis qu'elle en a privé ceux qui ſont aiſés à fondre ſans aucun ſecours étranger. Mais une mauvaiſe manipulation, un travail ſur-tout précipité, & des accidens particuliers, peuvent détruire tous les bons effets de la manganeſe ſur la fonte. Comme elle demande, pour être réduite, un feu très-violent & long-temps ſoutenu; lorſqu'on preſſe l'opération, elle n'a pas le temps d'agir & de s'inſinuer entre les parties métalliques, qu'elle ſépare des parties hétérogenes ; elle coule avec les fcories. Le contraire arrive, fi le maffé fe fait avec cette lenteur né-ceffaire, pour obtenir un réfultat riche en acier.

Les Mines de fer fpathiques, jaunes, grifes, & fur-tout blanches, contiennent toujours de la manganefe ; il en entre même jufques à un quart dans leur agrégation (1). Ces mêmes Mines, lorfqu'elles fe décompofent, perdent la manganefe & la pierre calcaire dont elles font formées ; & elles font d'autant plus exemptes de l'une & de l'autre, que leur tiffu eft plus changé & le fer plus converti en chaux. Ce fait établi par des expériences & des obfer-vations réitérées, acquiert une nouvelle force, par les phénomenes de la fonte de nos maffés. Il explique auffi pourquoi

---

(1) BERGMAN, Opufcul. Chym. Trad. Franc. Tom. II, pag. 235.

l'on ne retire presque pas de l'acier d'une loupe faite avec les Mines spathiques, brunes ou noires, employées seules, tandis que les fondages qui sont faits avec des hématites, en rendent une quantité considérable. C'est que tout étant égal d'ailleurs, les unes tiennent beaucoup de manganese, dont les autres sont presque dépourvues, & tel est le second fait que mes recherches m'avoient fait connoître. Dans les Forges de *Monfort* & de *Jingla*, on ne fabrique que de l'excellent fer doux, & presque jamais du fer fort ou acier, parce qu'on n'y traite que des Mines spathiques noires, qu'on tire de *Filhol* & de *Monferret* en *Confflant*. Tant que les riches Mines spathiques noires du *Tartié* ont abondé, on n'a presque point obtenu de l'acier dans le Comté de Foix, le Mirepoix, le Couserans, &c. Ces Mines tarissent; les Hématites abondent, &

avec elles toute forte de manganefes ;
on obtient à l'envi, dans toutes les
Forges, des maffés très-riches en acier.
De telle forte, qu'il femble que les vi-
ciffitudes de la manganefe font la mefure
de celles du produit des maffés, en fer
doux ou en fer fort.

Ainfi nous avons, en faveur de la
manganefe, deux fortes de preuve ;
l'une négative ; fon abfence des Mines
de fer rend leur produit en acier prefque
nul : l'autre eft pofitive ; elle ne paroît
jamais impunément ; fa préfence eft le
précurfeur du fer fort dans les maffés.
D'après tous ces faits, je crois qu'on
ne fauroit raifonnablement contefter à
la manganefe l'influence la plus marquée, fur la bonté de la fonte & l'aciération d'une partie du maffé.

Cette propriété de la manganefe eft
une nouvelle preuve, qu'elle n'eft point
une Mine de Zinc. Je fais bien que

quelques Phyſiciens ont cru qu'il y
avoit toujours du zinc , intimement
combiné avec la ſubſtance du fer , &
qu'il étoit impoſſible de l'en dégager.
On a même avancé , que le zinc étoit
un demi-métal, ami du fer, qui , peut-
être , entroit dans ſa compoſition (1).
Pluſieurs phénomenes , qu'on obſerve
de temps en temps dans nos Forges ,
tels que la cadmie des fourneaux , la
flamme phoſphoreſcente du zinc que
répand quelquefois le maſſé , lorſqu'on
le porte ſous le *mail* , le *pompholix* , qui
ſe dégage ſubitement de ſa ſubſtance
lorſqu'on le frappe , choſe très-rare ,
engageroient à penſer qu'il ſe trouve
quelquefois dans le fer une très-petite
doſe de zinc. Mais ſoit qu'il y ait dans
le fer , ou du zinc , ou de la *ſyderite* ,

_____

(1) Mémoires de Phyſiq. par M. de GRIGNON ,
pag. 18 & 19 de la Préface.

comme le penfoit l'illuftre Suédois, dont la Chymie & la Phyfique pleureront long-temps la perte ; foit que ce que l'on avoit pris d'abord pour un demi-métal particulier, ne foit, en effet, d'après les expériences de M. Meyer de Stétin, qu'un fel martial phofpho-rique ; quoi qu'il en foit, dis-je, per-fonne n'a encore avancé, & l'expé-rience s'y oppofe trop fortement, que le zinc rendît le fer plus malléable, plus duétile, plus grenu, plus ferré, moins nerveux, & bien moins encore qu'il fût un puiflant promoteur de l'a-ciération.

Si à toutes les preuves que l'on a eu jufques ici du danger du mêlange du zinc avec le fer, il falloit en ajouter de nouvelles, prifes dans nos Forges ; le fait que je vais rapporter établiroit cette vérité. Au mois de Septembre 1765 , on effaya dans la Forge de

M. Vergnies-Laprade, à Vicdeſſos, une Mine de fer, priſe au-deſſous du village de *Saleich*, dans la même vallée, & dans un filon qui paroît être un prolongement de celui de *Rancié*, quoiqu'il en ſoit éloigné d'une lieue.

Cette Mine contient beaucoup de parties d'un blende noirâtre. Elle fut traitée avec les mêmes précautions, & les mêmes procédés, qu'on emploie ordinairement. Le maſſé fut gros, & faiſoit eſpérer un riche produit. Mais, au grand étonnement des Ouvriers, aux premiers coups de marteau, il vola en éclats; il fut impoſſible de forger ce fer; jamais on n'en a vu d'auſſi rouverain: plus il étoit chaud, plus il caſſoit facilement. Si on le frappoit au moment où il alloit perdre la couleur, on pouvoit l'étendre en lames très-minces de ſept à huit pouces de long. L'épreuve fut répétée, ſon ſuccès fut toujours le même.

Ce n'eſt pas ſeulement dans nos Forges qu'on a reconnu l'utilité & l'importance de la manganeſe pour obtenir une meilleure fonte. Elle a produit d'auſſi bons effets dans les hauts-fourneaux, ainſi que je l'ai appris de M. le Baron Sigiſmond de Zoïs, ſavant Minéralogiſte de Laubach en Carniole. Il poſſede pluſieurs fabriques de fer, & il a eu le double avantage d'obſerver à loiſir les gradations du développement de la manganeſe dans le Minérai de fer ſpathique, & les effets de ce demi-métal ſur la fonte du fer.

« La manganeſe, qui a été long-
» temps négligée & même inconnue
» dans nos Provinces, m'écrivoit cet
» Obſervateur inſtruit (1), y forme
» actuellement l'objet favori des recher-

---

(1) Lettre de M. le Baron Sigiſmond de Zoïs à M. de La Peirouſe ; de Laubach le 24 Décembre 1780.

» ches des Savans. On en rencontre
» beaucoup de variétés dans les fouilles
» de nos Mines de fer. Les heureux fuc-
» cès de nos hauts-fourneaux font attri-
» bués au mêlange de la manganefe,
» dont le Minérai eft chargé. Nos plus
» habiles Métallurgiftes viennent de
» propofer ce mêlange, pour améliorer
» la fonte de quelques autres Mines
» de fer très-réfraftaires. Ces faits s'ac-
» cordent merveilleufement avec les
» obfervations que vous avez faites
» dans vos Forges des Pyrénées ; c'eft
» avec un plaifir extrême que je viens
» de lire les intéreffantes découvertes
» dont vous avez enrichi l'Hiftoire
» Naturelle de la Manganefe, &c. »

Tout le monde fait qu'en Styrie, &
dans la Carniole, le Minérai eft une Mine
fpathique blanche, très - dure, qu'on
nomme *Phlintz*, & qu'on expofe en tas,
à l'air libre pendant plufieurs années,

pour le laiffer *mûrir*, c'eft-à-dire, pour rompre fon agrégation, & pour le laiffer fe convertir fpontanément en chaux. Cette calcination lente, offre des faits piquans, & propres à répandre beaucoup de jour fur les effets de la manganefe dans la fonte (1).

Les Mines fpathiques de *Rancié* font déjà toutes préparées par la nature elle-même; c'eft du *phlintz mûr*, comme l'on dit en Styrie & en Carniole. Il n'en eft pas de même des belles Mines blanches, que nous poffédons dans le Royaume, en Dauphiné fur-tout (2).

(1) Voyez à la fin de l'Ouvrage la note (C).

(2) M. le Baron de DIETRICHT, Commiffaire du Roi pour la vifite & la recherche des Mines, a effayé au mois d'Août dernier, dans les Forges de *Gudanes*, le traitement des Mines du Dauphiné par notre méthode. Neuf cents pefant de Mine peu grillée rendirent un maffé de trois cents, mais le fer en étoit très-rouverain. La Mine étoit chargée de pyrites. Les ringards, durant l'opération, étoient couverts de foufre; on trouva du cuivre au fond

Pour retirer de ce Minérai tout le produit qu'il peut rendre, je croirois qu'il feroit utile de l'expofer en tas à l'air libre pendant plufieurs années, ainfi que cela fe pratique en Styrie. Le traitement de cette Mine, ainfi calcinée, feroit moins difpendieux. Elle eft moins dure, & plus fufible; elle confomme, pour cette raifon, moins de charbon.

On n'a pas encore recherché quelle eft, dans les divers cas, la quantité de manganefe qu'il eft avantageux de mêler au Minérai de fer, & s'il convient également à toutes les qualités de Mine. J'ai eftimé, car il n'eft pas poffible de

---

du creufet. Il eft à préfumer qu'on avoit fourni à M. de Dietricht quelque rebut de Mine. Ainfi, on ne peut rien ftatuer d'après cette expérience. Puifque la Mine fpathique donne du fer doux excellent par notre méthode, pourquoi n'en retireroit-on pas de celle du Dauphiné, pourvu toutefois qu'elle foit exempte de pyrites? Bien mieux encore, fi, comme je le propofe, on la difpofoit à la fonte par une calcination lente & fpontanée.

l'apprécier rigoureufement, que lorfque cette fubftance abonde, il en entre $\frac{10}{100}$ fur la charge totale du fourneau. Mais il faut tenter des procédés en grand ; les petites expériences de nos laboratoires ont fouvent des réfultats oppofés à ceux des grands travaux. C'eft ainfi, qu'ayant vu combien la manganefe étoit utile à la fonte dans nos Forges, j'ai voulu l'employer comme flux pour fondre quelques Mines de fer; fon action, dans ces effais docimaftiques, a été prefque nulle.

RÉFLEXIONS

SUR DIVERS POINTS

DE LA MÉTHODE DU COMTÉ DE FOIX.

JUSQUES ici j'ai fait tous mes efforts pour ne rien omettre d'essentiel de tous les procédés qui sont en usage dans nos Forges. Il est encore une infinité de petites pratiques, très-utiles dans divers cas, qu'il n'est pas possible de faire connoître par le discours. L'habitude & la fréquentation des Forges peuvent seules les apprendre.

Ce seroit ici le lieu d'examiner laquelle des méthodes de fabriquer le fer est la plus avantageuse. Je m'abstiendrai néanmoins de cette discussion, parce qu'elle est étrangere à mon sujet. Je me suis seulement proposé de poser les principes, de celle qui est en vigueur dans nos Pyrénées, & de la rectifier.

D'ailleurs M. Du Coudrai a déjà fait (1)
un parallele fuivi de la méthode *Cata-*
lane avec celle des hauts-fourneaux : il
les a comparées relativement à leur
marche , à la nature des procédés , à la
quantité du produit , & enfin quant à
l'économie. Il réfulte de cette compa-
raifon , très-bien vue , que la méthode
du Comté de Foix l'emporte , de beaucoup , fur celle des hauts-fourneaux ,
1°. par la dépenfe du premier établiffement , ainfi que par celle de l'entretien.
Elle eft très-confidérable dans ceux-ci ,
elle eft au contraire très-modique chez
nous ; 2°. par la promptitude & la fimplicité des procédés. En effet , dans
notre méthode on combine dans le
même feu , & on fait , en fix heures
de temps , les trois opérations néceffaires dans les hauts-fourneaux , c'eft-à-
dire , la fufion du Minérai , l'affinage de

_____

(1) Loc. cit. pag. 98 & fuiv.

la

la fonte & le fuage du fer; 3°. par la qualité du produit. Dans nos Forges, on obtient une grande quantité d'acier, qu'on ne trouve pas dans le fer de gueufe, & nos fers ont une dureté, une force, & des qualités qu'on trouve bien rarement dans celui qui fort des affineries; 4°. par les accidens & les dommages : ils font très-fréquens & très-difpendieux dans les hauts-fourneaux; ils ne peuvent caufer de grandes dépenfes dans nos Forges; 5°. enfin, par l'économie : la feule confommation du charbon eft à peu-près double dans les hauts-fourneaux.

Tant d'avantages réunis affurent inconteftablement à nos Forges la fupériorité la plus décidée, fur toutes les autres manieres d'extraire le fer de fa Mine. On ne doit pas cependant fe diffimuler, que malgré cette fupériorité, notre méthode eft encore éloignée de

Q

ce degré de perfection, auquel on peut
efpérer raifonnablement de la porter.

Si on examine avec attention les
différentes parties effentielles d'une
Forge, on découvrira bientôt qu'il n'y
a point de regles fixes, que tout y eft
arbitraire, & que le tâtonnement feul
dirige toutes les proportions. Quels
progrès peut-on attendre d'une fabrication prefque fortuite ? Tant qu'elle
fera, pour ainfi dire, exclufivement
entre les mains des Ouvriers, on n'en
doit efpérer aucun progrès. C'eft à la
Science qu'il appartient d'éclairer la
manipulation ; fans fon fecours on
n'aura jamais que des fuccès peu dura-
bles. Dans un Art auffi difficile que
celui de la fabrication du fer, la théorie
& l'expérience devroient être inféparables. La théorie feule s'égare dans des
fyftêmes fouvent dangereux dans les
Sciences, mais toujours funeftes aux

Arts. L'expérience, fans la théorie, marche lentement & à grands frais.

Vainement attendroit-on quelques tentatives de la part des Propriétaires de Forge. Le plus grand nombre eft dans la dépendance abfolue des Ouvriers, parce qu'ils ont plus de connoiffances de l'Art que leurs Maîtres. D'ailleurs, comme ils ont éprouvé que les plus légers changemens dans la conftruction, ou les procédés peuvent leur occafionner les plus grandes pertes, ils font très-vigilans pour n'en pas laiffer introduire.

Les Ouvriers font encore un des plus puiffans obftacles à toute tentative, à toute innovation ; leurs préjugés & leur vanité font extrêmes. Ils veulent conferver dans toute fon intégrité leur routine, *ce que leurs peres leur ont enfeigné.* Il faut avoir fréquenté ces gens-là, pour être convaincu de leur obftination à refufer toute lumiere. Ils ne veulent rien adopter de nouveau, pas même les pratiques les plus falutaires, dont le temps, & un fuccès conftant ont confacré l'utilité, dont ils font eux-mêmes les témoins, & auxquelles ils font forcés de rendre hommage.

Il eft d'autant moins permis de douter que la méthode du Comté de Foix ne puiffe être fenfiblement perfeĉtionnée, qu'il n'y a pas plus de quarante ans qu'on croyoit avoir obtenu un produit extraordinaire à Vicdeffos, lorfqu'on avoit retiré trois quintaux de fer d'un maffé. Le travail ordinaire étoit un *quarteron* (vingt-cinq livres) de fer par chaque fachée de charbon. Douze facs de charbon donnoient trois quintaux de fer; aujourd'hui, avec cette même quantité, le produit le plus ordinaire rend foixante-quinze livres de fer de plus; on l'a pouffé jufques à quatre quintaux & demi, même jufques à cinq cents foixante livres. M. Vergnies a fait feize quintaux & vingt-deux livres d'excellent fer, en trois maffés confécutifs, fans augmenter la confommation des matériaux, chofe rare & bien digne de remarque.

Les vieux Ouvriers interrogés fur les caufes d'un changement auffi avantageux, ne favent que répondre; ils ne peuvent le contefter; mais il s'eft fait par une gradation fi lente, & fi infenfible, qu'ils n'ont pu en faifir les progrès. Ils n'ont pas échappé à un Obfervateur vigilant & éclairé. M. Vergnies affigne plufieurs caufes, qui toutes ont concouru, pour leur part, à cette amélioration fortuite.

La premiere eft l'élévation de la tuyere; on ne lui donnoit anciennement qu'un pied au-deffus du fond du creufet; aujourd'hui elle va jufques à

quinze pouces. En élevant la tuyere,
on a agrandi fon œil : il n'avoit jadis
que quatorze à quinze lignes de diametre ; on l'a augmenté , & on lui en donne
de vingt à vingt-une ligne. Enfin , on
a élargi le creufet , & étendu toutes
fes dimenfions , la manipulation s'eft
perfectionnée infenfiblement ; c'eft par
la réunion de tous ces moyens que la
fabrication actuelle a acquis tant de fupériorité fur l'ancienne. Et à quelle perfection n'atteindroit-elle pas , fi, par
un heureux concert , la chymie & la
phyfique venoient au fecours de cette
branche de la métallurgie , fi importante pour plufieurs de nos Provinces ,
& cependant fi négligée !

La grande économie de notre maniere de fabriquer le fer, la rendra toujours infiniment préférable aux hauts-
fourneaux ; & malgré fes imperfections,
je n'héfite pas de dire que cette mé-

thode eſt ſans contredit la meilleure ,
la plus prompte , la moins diſpendieuſe
de toutes celles qui ſont en uſage pour
la fabrication du fer ; & il ne ſeroit peut-
être pas impoſſible d'y apporter encore
plus d'économie. A *Arles* en Rouſſillon ,
où l'on travaille la Mine du *Canigou* ,
ſix Ouvriers ſuffiſent à tous les travaux
de la Forge : avec vingt-trois pieds cubes de charbon , on retire trois quintaux de fer. Dans le Comté de Foix ,
on emploie huit Ouvriers pour ſervir
une Forge ; à la vérité , les maſſés y ſont
plus forts qu'à *Arles* de cinquante à
ſoixante livres ; mais auſſi on y dépenſe
de ſix à ſept pieds cubes de charbon de
plus par feu. Il eſt même des Forges dans
le Comté de Foix & en Languedoc ,
où cette conſommation de charbon ,
le produit étant à peu-près le même ,
eſt pouſſée juſques à trente-ſix pieds
cubes par maſſé. A *Arles* , les Ouvriers

favent employer le fable pour donner plus de fluidité aux fcories , &c. le creufet à *Arles* eft plus petit que dans le Comté de Foix , auffi les Forges y rendent beaucoup moins de fer ; la maniere de le fabriquer , à quelques petites pratiques près, y eft la même ; les Mines du *Canigou* (1) fourniffent du Minérai de la même nature que celui de *Rancié*.

L'efprit d'équité qui m'a fait relever les avantages de la méthode de nos Forges , m'impofe la loi de n'en pas taire les inconvéniens. Le plus grand , & prefque le feul , eft cette variation étonnante dans les maffés , foit pour la qualité , foit pour la quantité du fer. Il arrive fouvent dans une Forge, d'ailleurs bien allante , qu'avec les mêmes Ouvriers , la même trompe , le même creufet , la même Mine , le même

_____

(1) Voyez à la fin de l'Ouvrage la note (D).

charbon, dans la même faifon , le produit change tout-à-coup ; & qu'à la
fuite de plufieurs maffés de quatre quintaux & plus, il en vient, pendant un
temps, de trois quintaux, & moins encore. Souvent, par furcroît de malheur,
le fer de ces maffés eft aigre & rouverain ; car, en général , plus les maffés
font gros, plus le fer en eft de bonne
qualité ; le plus grand mal eft que ces
variations ne font ni momentanées ni
bien rares.

Quel remede doit-on apporter à un
auffi grand vice ? Pour le guérir , il faut
préalablement en avoir reconnu les
caufes ; mais c'eft là que gît la difficulté.
Ces variations ne peuvent dépendre de
là Mine ; elle eft la même ; je veux
dire celle avec laquelle on a fait les
bons maffés qui ont précédé , & avec
laquelle on fera ceux qui fuivront , &
qui feront, peut-être , meilleurs encore.

On ne fauroit s'en prendre au creufet :
il eft toujours à-peu-près dans les mêmes
proportions. Sera-ce au charbon ? Il eft
du même bois , & fouvent de la même
cuite , que celui avec lequel on avoit
fait, & avec lequel on rattrapera bientôt
de fi beaux maffés.

Les Ouvriers principalement contribuent à ces variations. L'amour propre
& l'intérêt les aiguillonnent fans doute ;
ils mettent leur gloire à obtenir de forts
produits ; & leur paie étant affife fur la
quantité de fer que donnent les maffés,
ils redoublent de foins & d'attentions ,
pour faire ceffer promptement le défordre. Mais leurs erreurs proviennent de
leur ignorance & de l'incertitude de
leurs maximes.

Reftent les trompes. C'eft toujours
le même appareil , le même moyen
d'exciter le vent & de le conduire.
Avouons que ce vice eft le point le

plus obſcur, le plus. difficile & le plus embarraſſant de notre méthode ; auſſi fait-il le déſeſpoir des perſonnes qui l'ont le plus approfondie.

Cette ſorte de problême m'a long-temps occupé, & je ſuis convaincu que chacune des choſes qui coopere à la fonte, contribue, pour ſa part, à ces variations. Mais c'eſt principalement au défaut de regles, & de proportions conſtantes, qu'il faut les imputer. En les établiſſant dans ſa Forge, & en veillant de près à leur exécution, M. Vergnies n'en a pas banni entierement ces vi-ciſſitudes dans le produit ; mais elles ſont ſi rares, de ſi peu de durée, & ſi peu conſéquentes, qu'on ne les apper-çoit preſque plus.

Pour remédier à un mal auſſi grand, & auſſi général, il n'eſt d'autre moyen que de bannir la routine & les préjugés ; il faut éclairer la pratique, & lui donner

une bafe folide & des principes raifonnés ; c'eft ce que j'ai tâché de faire
jufques ici. Il eft encore quelques préjugés qu'il faut détruire , & quelques
principes , dont je n'ai pu qu'indiquer
l'application. Je vais les développer , &
fuppléer tout ce qu'il me refte à dire
pour l'amélioration de nos fabriques.

VUES ET MOYENS D'AMÉLIORATION

De la fabrication du fer, suivant la méthode du Comté de Foix.

LE meilleur travail possible d'une Forge, dépend du concours de tous les moyens. La Mine, la profondeur du creuset, sa direction, la position de la tuyere, l'inclinaison du contrevent, la direction du vent, sa force, sa qualité, les manipulations des *Escolas*, &c. chacune de ces choses a sa part à la fonte, & chacune peut concourir à son altération. Lorsqu'on considere que tout est arbitraire dans cette méthode, que la routine est la seule lueur qui guide les Ouvriers, on n'est point surpris des désordres fréquens qui affligent nos Forges. Nous avons établi des lois & des principes, sur lesquels toute bonne fabrication doit porter pour

avoir un fondement ftable : ces regles
générales fuffifent pour la marche ordinaire d'une Forge. Elles offriront fans
doute quelques exceptions dans le cours
d'une longue pratique ; il eft au-deffus
de l'intelligence humaine de prévenir
tous les cas, & de réparer tous les accidens. Nous ofons croire néanmoins,
que ceux qui auront faifi l'efprit & l'enfemble de ces principes, fauront en faire
une application utile dans des circonftances, où le vulgaire ne reconnoîtra
que l'effet d'un malheur obftiné ou d'un
hafard aveugle.

La quantité de fer que rend une
Forge, en a fouvent impofé à plus d'un
Propriétaire. Ils ont cru que leurs Forges étoient le mieux conduites, parce
que leur produit étoit le plus fort. Plus
jaloux d'un vain renom, qu'éclairés fur
leurs véritables intérêts, ces Propriétaires ont fermé les yeux fur la dépenfe

exceffive de leurs fabriques, ainfi que fur l'horrible confommation des maté- riaux. Ce n'eft pas la Forge qui fabri- que le plus de fer qui eft la meilleure , mais celle qui, avec le moins de ma- tériaux & de dépenfe, rend conftam- ment le plus riche produit.

Ainfi donc, faire le plus de fer & le meilleur avec le moins de matériaux & de dépenfe, tel eft le problême à réfoudre. Si je ne fuis point parvenu à en donner la folution, je crois dumoins pouvoir me flatter d'avoir battu & frayé le premier, la route qui doit y conduire.

Pour affurer aux Forges une marche conftante, ou dumoins la certitude de remédier promptement aux accidens qui peuvent furvenir , nous invitons puiffamment les Propriétaires de Forge à acquérir les connoiffances relatives à leur fabrique. Elle languira dans le même état d'incertitude , tant qu'on

n'aura ni regles, ni proportions fixes;
elle marchera au contraire avec rapidité vers fa perfeƐtion, fi on les adopte
& qu'on en maintienne la pratique.

Les Propriétaires de Forge peuvent feuls extirper les préjugés qui
aveuglent les Ouvriers; qu'ils dirigent
eux-mêmes leurs Forges, & qu'ils ne
fe relâchent jamais de la vigilance que
ce travail exige. C'eſt principalement
lorſqu'ils établiront cette réforme fi néceſſaire, qu'ils devront redoubler de
zele & d'attention. Les Ouvriers font
fi prévenus de l'impoſſibilité de toute
amélioration, que fi on n'y regarde de
près, toutes les expériences feront mal
diſpoſées, plus mal exécutées encore :
on ne manquera pas d'imputer à la
théorie le mauvais fuccès, qui ne fera
dû qu'au défaut de connoiſſances &
d'attention du Maître, & à la mal-
adreſſe, peut-être même à la malice

des

des Ouvriers. Ceux-ci font dans la ferme croyance que leur routine de tradition eft le plus haut degré de la Science & de l'Art ; cette idée deftructive de tout bien, les porte à regarder avec mépris toute efpece d'innovation.

C'eft à ceux qui font faits pour juger de l'importance d'une théorie faine, à furmonter tous ces obftacles, à vaincre la pertinacité de cette race d'hommes, dont le favoir n'eft qu'un pur méchanifme. Plus les Propriétaires feront relevés par leur naiffance ou par leurs dignités, plus il importe qu'ils donnent l'exemple des lumieres & de l'inftruction. Ces temps de barbarie font paffés, où la Nobleffe fe glorifioit de fon ignorance. La philofophie a corrigé les Grands de ce préjugé ridicule, & leur a fait fentir combien leur prééminence feroit précaire & peu flatteufe, fi elle n'étoit fondée que fur des titres

R

fortuits, ou fur des dignités fouvent peu honorables , parce qu'elles font peu méritées.

Et vous, qu'un préjugé auffi aviliffant afferviroit encore , ouvrez les faftes des Sciences, parcourez les noms qui y font infcrits ! fans chercher dans les fiecles paffés , ces Hommes immortels , dont le génie & les écrits ont confacré la gloire ; dans la foule de ces bienfai€teurs de l'humanité , fi dignes de vos hommages , & que vous outragez peut-être , vous y trouverez les CHAULNES , les LA ROCHEFOUCAULT , les D'AYEN , les BIELKE , les KYNSKY , &c. voyez comme l'éclat de leur naiffance & de leurs dignités eft rehauffé par leurs lumieres & leurs travaux ; voyez, & que de fi hautes leçons vous ramenent enfin à la véritable grandeur.

Des exemples auffi puiffans , l'intérêt de la patrie & de leurs familles, doivent donc engager les Propriétaires de Forge, de furveiller de près la marche de leur fabrique. C'eſt à eux que j'adreſſe tout ce que je vais propoſer, pour l'amélioration de notre méthode ; eux ſeuls peuvent juſtement apprécier mes vues, comme à eux ſeuls appartient de les faire mettre en pratique, & de les rendre plus profitables par leurs obſervations.

Le premier pas à faire, le plus difficile, quoique le plus important, feroit d'établir l'uniformité dans toutes les Forges, je veux dire, la même élévation dans les trompes, les mêmes proportions dans la caiſſe à vent, le même *battant*, les mêmes dimenſions dans le creuſet, &c. On fent combien il eſt difficile d'être utile à toutes les Forges, dès que chacune aura des proportions différentes ; il faudroit tenter

une longue fuite d'expériences & d'obfervations pour chacune d'elles ; comparer la marche des unes avec celle
des autres, dans leurs diverfes parties,
& fixer prefque à chacune un code
différent ; projet chimérique ! au lieu
que fi l'uniformité étoit une fois établie, ceux qui s'occuperoient à l'avenir de cet Art, feroient utiles à tous ;
les plus petits procédés, la moindre
découverte, profiteroient également à
chaque Forge.

Il réfulteroit encore un autre bien
de cette uniformité ; les Ouvriers, en
paffant d'une Forge à l'autre, ne reffen-
tiroient pas ce changement. Tel *Foyer*
fait bien fon métier dans une Forge,
il la quitte ; il paffe dans une autre, il
y met tout en défordre ; on le renvoie ;
celui qui le remplace fait fouvent pire.
Je vois, avec peine, qu'on rencon-
trera les plus grandes difficultés pour

bannir la routine des Ouvriers , tant que les proportions varieront d'une Forge à l'autre.

Cette variation , dans les propor- tions, fournit encore un prétexte aux Ouvriers pour défoler les fabriques. Lorſqu'un *Foyer* entre dans une Forge, pour ſi bien qu'elle aille , il croit ſon honneur intéreſſé à y faire quelques changemens , principalement dans le creuſet ; il ne veut point travailler ſur les meſures, *ſur le point* d'un autre ; quelle puérile vanité !

Chaque Forge , me dira-t-on , a ſa portée , les unes ont plus de vent , les autres moins ; ainſi , les proportions ne ſauroient être uniformes dans toutes. Prétextes frivoles ! Quelles que ſoient en effet la force & la qualité du vent , qu'il ſoit amené dans la tuyere par une buſe , d'un pied ou par un porte-vent de pluſieurs toiſes , il ne perd rien de ſa force, & l'expérience de quelques Forges eſt ici d'accord avec la raiſon. D'où il ſuit que le *battant*, ou la diſtance de la caiſſe-à-vent au creuſet, peut être le même dans toutes les Forges, ſans aucun égard à la quantité du vent. On remédiera à ſon défaut ou à ſa trop grande force, en avançant ou reculant le *canon du bourrec*, en diminuant ſon œil ou en l'augmentant ; & puiſque le *battant* n'a, ni ne peut avoir aucune influence ſur le vent, rien n'empêche qu'il ne ſoit le même partout : dès-lors la profondeur & la direction du creuſet, l'inclinaiſon du contrevent, la poſition de la tuyere, &c. peuvent être uniformes dans toutes les Forges, ſauf les changemens relatifs à des circonſtances particulieres, & à la nature des matériaux qu'on a à traiter.

Dans le train actuel & méchanique des Forges, le *battant* eſt une choſe indifférente ; il devient la bafe de tout bon travail, fi l'on veut procéder avec quelques principes. J'infifte donc fur l'uniformité à établir dans le *battant*, parce que ce point une fois fixé & convenu, on déterminera, le compas à la main, les proportions les plus effentielles, & fur-tout la profondeur du creufet. Du refte, la différence, dans le *battant*, varie, au plus, de dix à douze pouces, d'une Forge à l'autre.

I. Sur le Creuset. Après avoir donné les juftes dimenfions du creufet, & montré de quelle conféquence il peut être de s'en écarter, nous avons propofé de faire conftruire pour chaque Forge, un calibre du creufet. Avec fon fecours, on fera affuré de maintenir les mêmes proportions; & fi par événement, ou par quelque circonftance particuliere, on vient à s'en écarter, on aura dumoins la certitude d'y revenir à volonté. Mais cela ne fuffit pas, il faut encore maintenir la perpendicularité des *porges* & l'inclinaifon de l'*ore*. Pour éviter toute erreur , il faut vérifier, l'une après l'autre , chacune de ces parties , la mefure à la main. Le creufet, pour fi bien fait qu'il foit, fe dégrade, il fe rétrécit fouvent par le déplacement infenfible de fes parties , & fur-tout des taques de fer dont il eft garni ; c'eft une caufe à laquelle les *Foyers* ne fongent pas ; mais comme elle change les proportions du creufet, la fabrique en eft dérangée. M. Vergnies ayant fait reconftruire fon creufet, ne fit que fix feux dans deux jours; une incommodité le forçoit à garder la chambre, il fe fit rendre compte des dimenfions de fon creufet; il crut reconnoître que le contrevent étoit trop renverfé ; il donna ordre de le relever ; cela fut exécuté ,

mais fans précifion. Pendant les deux
femaines fuivantes, le travail fut un
peu meilleur. Le premier foin de M. Vergnies, lorfqu'il put fe tranfporter à fa
Forge, fut de vérifier fon creufet ; il
s'affura que le contrevent n'avoit que
trois pouces d'inclinaifon , il lui en fit
donner fix ; la femaine fuivante, fans
aucun autre changement , produifit
quatre - vingts - onze quintaux dix - fept
livres de fer.

Je pourrois rapporter une foule d'autres faits qui, tous, prouveroient avec
quelle rigueur on doit veiller aux dimenfions du creufet. Le meilleur produit
tient à des chofes fi minutieufes en apparence, que la pratique feule peut en-
feigner combien il importe d'y regarder
de près.

Lorfqu'une Forge va mal, & que les
Foyers ne favent en donner aucune
raifon plaufible, ils ont coutume de

dire que *l'eau eft au feu* ; auffi-tôt ils bouleverfent le creufet , & prefque toujours ils ne font qu'aggraver le mal. Il eft du plus grand intérêt de tous les Propriétaires de prévenir ces défordres, en conftruifant des aqueducs qui délivrent le feu, de l'eau qui filtre de toutes parts.

Pour éviter des accidens bien plus graves, il faut pratiquer à ces aqueducs un ou deux canaux expiratoires ; fans cette précaution , les aqueducs crêvent ou fe comblent , le feu devient humide , & tout eft bouleverfé. Lorfque la Forge a chommé quelque temps, ou lorfque les aqueducs font trop petits , il fe répand autour du creufet des vapeurs méphitiques , les *Efcolas* font affectés de violens maux de tête qui les fuffoquent & les renverfent. Il eft vraifemblable que l'expenfion de l'eau réduite en vapeurs , fon effort, les gas

qui fe dégage durant fa décompofition , produifent tous ces phénomenes.
On les préviendra par le moyen des
ventoufes ; mais fi quelqu'un s'obfti-
noit à méprifer une pratique auffi utile ,
qu'il ne manque pas, dumoins lorfque
les *Efcolas* feront atteints de cette efpece d'afphyxie , de les faire porter
promptement au grand air ; de jeter
fur leur vifage de l'eau froide, & en
plufieurs reprifes, de leur faire fentir
du vinaigre , de l'alkali volatil, ou d'autres ftimulans ; fi leur intérêt propre ne
les touche pas, celui de l'humanité réclame leurs foins ; ils ne peuvent le
négliger fans crime.

Qu'on pratique donc des ventoufes aux
aqueducs : dans la Forge de *Guille* , on
n'éprouve aucun de ces accidens, parce
que les vapeurs ont un libre paffage.
Cette précaution a fuffi feule plus d'une
fois pour rétablir le travail dans une

Forge fortement dérangée ; celle de *Saint-Paul* en a fourni un exemple. Il y a quinze ou dix-huit ans qu'on n'y faifoit que de petits maffés ; on plaça à cette époque une ventoufe aux aqueducs, le produit s'améliora ; & fauf les révolutions inféparables de la routine, il fe foutient encore avec la même énergie.

Dans toutes les Forges, la ruftine étant très-élevée, & renverfée en dehors quelquefois de dix à douze pouces, l'angle qu'elle fait, avec le mur de la tuyere, eft très-béant ; il reçoit une affez grande quantité de charbon, qui ne fauroit coopérer à la fonte, parce qu'il eft trop éloigné du centre du creufet. M. Vergnies a rétréci cet angle, & l'a déverfé vers le feu ; par ce moyen, il épargne une confommation inutile de charbon, ou dumoins il s'utilife, & accroît la facilité de la fonte. Il eft cer-

tain que cette faillie concentre la chaleur & la reverbere. Mais c'eft en cela
même qu'elle peut être nuifible, l'*Efcola*
qui travaille vis-à-vis de la ruftine peut
en être incommodé. Ceux donc qui
voudront adopter cette innovation,
d'ailleurs utile, doivent éviter l'excès
dans cette faillie.

L'accident le plus fréquent, celui
contre lequel on a été jufques ici fans
remede, c'eft la brûlure de la pierre du
fonds du creufet. L'action foutenue d'un
feu violent, le frottement des inftrumens,
qui tendent fans ceffe à la dévorer, l'impéritie des Ouvriers font les caufes les
plus ordinaires de cette brûlure. Comme
les *Foyers* placent la tuyere fans regle, ce
n'eft que par hafard qu'ils rencontrent,
de temps en temps, fa véritable pofition.
Ils pouffent l'aveuglement à un tel
point, que lorfqu'ils placent une pierre
neuve, ils la pofent *plus haut qu'il ne*

faut, parce que, suivant leurs maximes, pour qu'une Forge marche bien, il est nécessaire que cette pierre se brûle au second ou au troisieme feu, & alors, selon eux, la tuyere *se fait son gîte.*

Effectivement la pierre se brûle; ils ont de suite recours à la tuyere, ils l'abaissent *en corps*, c'est leur terme; ils veulent exprimer par là qu'ils l'abaissent autant du devant que du derriere. Le plus souvent la pierre se brûle de nouveau; ils abaissent encore la tuyere, ils l'inclinent, ils la dévient, ils mettent pierre sur pierre, ils ne se retrouvent plus, ils perdent la tête, & finissent par ruiner leur maître. Qu'attendre dans un Art aussi difficile, d'un tâtonnement, d'une impéritie aussi soutenus?

Quelle que soit la cause qui brûle la pierre, dès que cet accident est arrivé, la tuyere se trouve trop haute, & le fondage ne sauroit marcher. On ne con-

noît alors d'autre reſſource que de changer cette pierre ; voilà un chommage
d'autant plus préjudiciable, que lorſque
on reprend le travail ſur une pierre
neuve, le produit eſt toujours infiniment moindre, ſur-tout quand on ne
donne pas à la tuyere l'élévation re-
quiſe.

Le procédé que nous employons en
pareil cas eſt diamétralement oppoſé à
ceux de la routine. En le ſuivant, on
n'aura jamais à craindre la brûlure de
la pierre , & on évitera de grandes
pertes. Nous avons donné des moyens
efficaces pour déterminer la véritable
poſition de la tuyere ; une fois trouvée, on ne doit plus la changer ſans
les plus puiſſans motifs. Pour prévenir
la brûlure de la pierre , il ſuffit de la
recouvrir d'une couche bien corroyée,
d'un pouce d'épaiſſeur , de bonne
argille criblée & gachée avec ſoin.

On doit en avoir toujours une provi-
fion dans la Forge, parce que fon ufage
doit être prefque journalier. On pourroit mêler utilement à l'argille des cen-
dres leffivées, du mica, &c. ; mais
comme l'argille fuffit feule, ce procédé
doit être préféré, parce qu'il eft plus
fimple.

On doit obferver que cette couche
d'argille rehauffant d'un pouce le fond
du creufet, altéreroit le *faut* ou l'élévation de la tuyere : pour éviter cet
inconvénient, on ne doit employer la
couche d'argille que lorfque la pierre
s'eft abaiffée d'un pouce, ou, ce qui eft
encore mieux, il faut placer cette pierre
en deffous du *faut* ordinaire, & étendre
enfuite par-deffus la couche d'argille,
fuivant les proportions connues.

A l'aide de la double jauge de fer
que j'ai propofée, pag. 136, ou ce qui
eft plus facile encore, par le moyen
d'une

d'une mesure juste du *saut*, attachée à un manche qu'on présente sous la tuyere, on reconnoît si le creuset a trop de profondeur; avec l'argille, on redonnera le *saut* ordinaire. Le feu a-t-il creusé la rustine ou les angles du fourneau? L'argille répare aussi-tôt tous ces dommages. Lorsque le creux est un peu fort, on mêle à l'argille de petites pierres réfractaires, qui lui donnent plus de corps & de prise.

Cette invention toute simple, entierement due à M. Vergnies de Bouischere, est le présent le plus utile que l'on ait pu faire à nos Forges. Par le seul secours de l'argille, M. Vergnies a conservé, pendant plus de trois ans, la pierre de son creuset, tandis que dans les autres Forges, en préscindant de tout cas fortuit, il faut la renouveler au bout de quinze jours, au moins chaque deux ou trois mois.

S

Cette amélioration eft d'autant plus importante, qu'en confervant toujours dans le même degré, la profondeur du creufet, on s'affure d'une plus grande égalité dans le produit. Depuis neuf ans que M. Vergnies emploie l'argille pour foutenir fon fourneau, il n'a ceffé de reconnoître fon extrême avantage. La plupart des Ouvriers des autres Forges connoiffent cette pratique; ils font témoins du bien qui en réfulte, mais c'eft une admiration ftérile. On a bien tenté l'ufage de l'argille dans d'autres Forges ; l'effai qu'on en a fait n'a pas été heureux. Les uns ont nié fon utilité ; les autres ont cru que c'étoit une compofition particuliere dont on faifoit un fecret. Si l'argille fe foutient dans la Forge de *Guille*, & fi elle eft emportée à tout moment dans les autres, c'eft que dans celles-ci on place la tuyere au hafard, tandis que dans celle-là, fa pofition eft déterminée par des principes fûrs , & qu'elle ne varie jamais : or pour peu que l'inclinaifon de la tuyere foit trop forte , pour peu qu'on fe néglige fur les percées, l'argille part , la pierre , le fer lui-même feroient détruits avec une égale rapidité.

Pour bien pofer cette argille , il eft néceffaire de nétoyer le creux qu'on veut garnir ; l'argille ne happe bien que lorfqu'elle eft appliquée fur le ferme ; on doit mouiller le creux avant de le farcir ; on mêle à l'argille une dofe de *feniffe*, on l'en recouvre , on mouille dérechef, on affure , on corroie cet enduit : il en coûte plus de décrire ce procédé , que de l'exécuter.

Jufques à ce que l'élévation des trompes foit uniforme dans toutes les Forges, ou dumoins jufques à ce qu'on puiffe graduer le vent à volonté, & qu'on ait trouvé un inftrument , à l'aide

duquel on foit affuré d'en proportion-
ner la quantité aux dimenfions de chaque creufet, il eft effentiel de les varier,
relativement au plus ou moins de force
du vent. Les trompes élevées, toutes
chofes égales d'ailleurs, donnent plus
de vent que celles qui font baffes ; il
faut à celles-ci un creufet un peu plus
étroit, & aux autres un peu plus grand;
du refte, en avançant ou reculant le
canon du bourrec, on peut, comme nous
l'avons obfervé, compenfer cette différence.

Qu'on ne croie pas qu'il foit d'une
néceffité abfolue de fe conformer aux
proportions du creufet que j'ai indiquées, ni que ce foient les feules avec
lefquelles on puiffe obtenir un bon produit. Je fuis fermement convaincu,
& l'expérience journaliere m'autorife à
le dire, que fans mefures fixes, la Forge
marchera toujours à tâtons. La bonté

du produit dépend sur-tout de la cor-
respondance & de l'accord des proportions de toutes les parties entre elles.
Ce n'est que lorsque , par un heureux
hasard, les *Foyers* ont rencontré cette
harmonie, qu'ils font pendant un temps
un beau travail. Mais comme il leur est
autant impossible de reconnoître le principe de ce bien , que celui du mal qui
les affligera bientôt ; les revers seront
fréquens , lorsque l'on ne bannira pas
la routine. Du reste , il est aisé de sen-
tir qu'on peut augmenter ou diminuer
les proportions des diverses parties ,
& néanmoins conserver cet accord nécessaire dans leur ensemble, duquel dépend la bonne fabrication.

Si donc une Forge rend ce qu'on
peut raisonnablement en exiger, bien
loin de faire aucun changement à ses
proportions , je conseille fortement de
les conserver. Pour cet effet, il faut les

vérifier l'une après l'autre, & les noter fidellement. Quant aux Forges qui vont mal , leur vice peut provenir de quelques caufes locales ; mais j'affure, fans crainte d'erreur, qu'il réfide principalement dans la difproportion & le peu de rapport des différentes parties. Le meilleur expédient que ces Forges puiffent prendre , c'eft d'adopter toutes les proportions que j'ai indiquées , ou celles de toute autre Forge , dont la marche eft bonne & réguliere , & de s'impofer la loi de fubftituer des principes raifonnés , aux pratiques aveugles des Ouvriers.

II. Sur les Trompes. Les trompes offriront un ample fujet d'étude & de recherches à ceux qui voudront s'occuper de la perfection de nos Forges. Valent-elles mieux que les foufflets? Ceux-ci ne feroiént-ils pas préférables? Quelle doit être la meilleure construction des trompes, leur forme, leurs justes proportions ? Tout cela reste encore à déterminer.

Les *arbres*, ou corps de trompe en bois, font certainement meilleurs que ceux de pierre, mais les tambours en maçonnerie font préférables à ceux de bois ; ceux-ci devroient dumoins être solidement assemblés, & leurs joints bouchés avec du mastic : on les calfate avec du chanvre, qui demande un entretien continuel.

Il me paroîtroit raisonnable que les proportions du tambour ne fussent point arbitraires, elles devroient être relatives à la chûte de l'eau : c'est un vice que de leur donner trop de capacité, sur-tout dans les petites chûtes. Le vent plus géné, plus resserré entre des parois étroites, doit regagner, par son activité, ce qui lui manque du côté de son volume.

Si la chûte de l'eau est basse, & le vent

trop foible, on peut ajouter un troifieme corps à la trompe ; on l'a pratiqué de même, avec fuccès, à la Forge
de la *Vexanelle* à Vicdeffos, on y a
fupprimé les *trompils* par la même
raifon, & le vent n'en va pas moins
bien. Cet exemple peut profiter. On
s'écarte des lois générales avec fruit,
lorfque la raifon & l'intelligence le
prefcrivent.

Le vent eft humide dans quelques
Forges ; je penfe que la *fentinelle* de
leur trompe eft trop baffe. En général,
on obtiendroit un vent bien plus fec,
fi on donnoit une plus forte élévation
à cette partie ; & comme on pourroit
exhauffer en proportion le fonds du creufet, le feu n'en iroit que mieux, parce
qu'il feroit plus à l'abri de l'humidité. Je
n'ignore pas que dans certaines Forges
on a effayé de relever la *fentinelle*, &
qu'on n'en a retiré aucun avantage ; ce

n'eſt point à cette ſur-élévation qu'il faut imputer le défaut de ſuccès ; certainement les Ouvriers n'ont pas ſu donner au creuſet, & à la tuyere, les proportions relatives qu'ils devoient avoir.

Lorſque le vent eſt humide & la *ſentinelle* trop baſſe, on pourroit imiter, avec fruit, ce qu'on pratique à la Forge de *Bielſa* en Aragon ; au ſortir de la *ſentinelle*, le vent parcourt un tuyau horizontal ; à celui-ci eſt ajuſté un tuyau vertical, au bout duquel eſt joint un autre tuyau horizontal, qui reçoit le *bourrec*. Cet appareil a la forme des bâtons rompus ; le vent eſt très-ſec dans cette Forge, & entre très-bien dans la tuyere.

Il n'eſt pas douteux que la grande élévation dans les trompes, ne contribue beaucoup à la force du vent ; l'expérience nous le prouve aſſez.

Elle pourroit , par fon excès , devenir nuifible; quel eft le degré d'élévation des trompes le plus avantageux
à nos Forges ? C'eft ce qu'on ignore ,
& c'eft ce qu'il feroit très - utile de
connoître.

Le *foufflart* ou trou de la *fentinelle*
fera toujours bien fait dans la routine ,
pourvu que le *bourrec* s'y enchaffe avec
précifion. Dans nos principes, le *foufflart*
eft devenu le centre commun , auquel
tous les autres points doivent venir
aboutir, & qui les régit prefque tous.
Il ne faut donc pas livrer fa conftruction au caprice de l'Ouvrier. Le *foufflart*
doit être fait à l'équerre pour éviter
les erreurs dans les mefures , & pour
rendre praticables les moyens que nous
avons indiqué pour les prendre.

L'*efpirail* , cette ventoufe qu'on
pratique à la fermeture ou *tampail* de
la *fentinelle* , eft également placé fans

regle ni mefure, & peu importe à la routine. Mais fi on détermine fa pofition de telle forte, que cet évent coïncide avec la diagonale *a b*, Pl. II, *Fig. I*, on aura un répère de plus, pour trouver avec juftefe la direction refpective du creufet & de la tuyere, que cette diagonale détermine.

On eft encore fans moyen pour eftimer la quantité de vent qui entre dans le creufet , & c'eft ce qu'il importeroit de pouvoir reconnoître : cette découverte feroit le plus grand acheminement de l'Art vers fa perfection. En effet , la force & le volume du vent devroient être toujours relatifs au plus ou moins de fufibilité de la Mine , à la qualité du charbon, aux dimenfions du creufet , &c. L'excès , comme le défaut de vent , produifent de grands maux , & fouvent les mêmes vices dans la fonte. M. Vergnies a tenté

d'atteindre à ce but ſi déſiré : il a imaginé deux eſpeces d'anémometres, dont
nous avons eſſayé enſemble la marche
dans ſa Forge; elle eſt très-irréguliere,
& ces inſtrumens ont beſoin d'être
perfectionnés. L'un des deux, qui eſt
au mercure, a moins d'inégalité que
l'autre ; mais comme le mercure ne
s'éleve qu'à deux pouces dans le tube,
les différences qu'il marque, ſuivant le
degré de force du vent, ne ſont pas
aſſez ſenſibles pour être appréciées.

III. Sur la Tuyere. En fixant
l'inclinaiſon de la tuyere, nous avons
dit que la ligne de direction de ſon axe
doit faire, avec les *porges* ou mur de la
tuyere, un angle de 55°. ; nous avons
en même-temps propoſé un inſtrument
ſimple, à l'aide duquel l'Ouvrier le
moins intelligent peut trouver cette
inclinaiſon. La ligne de direction de la
tuyere, *a b*, *Fig. I*, Pl. II, diviſe en

deux angles inégaux l'angle droit, que
les *porges* font, avec la ligne horizontale, *f g*, qui part du fol de la tuyere,
& aboutit au contrevent. Cet angle de
55°. en deffous, eft néceffité par celui
de 35°. en-deffus de la tuyere, lequel
forme le complement de l'angle droit.

Cette mefure de 55°. eft plus fimple,
& c'eft en cela que je lui ai donné la
préférence; mais elle fuppofe le creufet
froid; lorfqu'il eft chaud, il faut néceffairement reconnoître & mefurer l'inclinaifon de la tuyere par l'angle de 35°.
Pour cela, on pofe horizontalement
une regle de fer fur le fol de la tuyere,
après l'avoir enlevée; on applique fur
cette regle le *tuyerometre* en maniere de
niveau, on incline la regle vers le feu,
jufques à ce que le plomb, dont le niveau eft armé, fe fixe fur le 35°.; de
cette maniere, on obtient également la
véritable inclinaifon de la tuyere.

Cette inclinaison doit nécessairement varier de quelques lignes dans certains cas ; elle doit être plus grande avec les Mines riches & fortes, avec les hématites & les manganeses, avec les charbons forts & de bois dur, qu'avec les Mines douces & terreuses, les Mines spathiques noires, & les charbons légers, ou de bois mou & résineux.

Il doit en être de même pour l'*entrée* ou saillie de la tuyere ; il faut avancer de quatre à huit lignes de plus, les tuyeres usées, & fortement recoupées, parce qu'elles ne donnent pas un vent aussi fort que lorsqu'elles sont neuves ; c'est à un *Foyer* intelligent à discerner les cas où l'on doit s'écarter des regles ; l'expérience ne se supplée pas. On peut aussi dans les Forges, où le charbon n'est pas rare, donner un peu plus d'ouverture à l'œil de la tuyere ; la fusion des Mines se fera avec bien plus de facilité. Les proportions dans la faillie, & l'inclinaison de la tuyere, font non-feulement néceffaires pour obtenir un bon travail, elles font encore autant de moyens économiques, par lefquels on évite une confommation inutile des matieres : il eft hors de doute qu'une tuyere trop reculée confomme davan-tage, que celle qui eft à fa véritable place.

En vain auroit-on donné une bonne inclinaison à la tuyere, fi on ne la vé-rifie fouvent pour s'affurer qu'elle eft toujours la même. A ces mots, j'entends s'élever de concert les clameurs de la routine. Quoi ! vous voulez rendre la pofition de la tuyere immuable, diront les Ouvriers ! la chofe eft impoffible ; & quel remede aurons-nous donc dans un fi grand nombre d'accidens, fur-tout lorfque la pierre fe brûle ? Je les ai prévenus ; qu'ils donnent de bonnes proportions, qu'ils les confervent, la plupart des accidens n'auront pas lieu ; & fi la pierre vient à fe brûler, que fans toucher à la tuyere, ils rehauffent le fonds du creufet avec de l'argille, toujours dans les proportions données, ou avec celles qu'ils auront reconnu être les meilleures.

Un exemple prouvera combien le fuccès dépend de l'inclinaifon de la tuyere, & combien il eft néceffaire de la vérifier fouvent. Dans le mois de Décembre 1785, la Forge de *Guille* faifoit un bon travail, quatre-vingts-dix quintaux par femaine. En reprenant le fondage, on fit neuf feux, & les maffés alloient encore à trois cents foixante-quinze livres, mais ils étoient malfaits, & l'*Efcola* travailloit avec peine : on fit cinq autres feux, les maffés furent encore plus vilains ; le dernier ne donna que trois cents trente-
cinq

cinq livres. M. Vergnies fit reconnoître toutes les proportions du creufet ; les ayant trouvées bonnes , il fit mefurer l'inclinaifon de la tuyere ; elle étoit prefque de trente-fix degrés : on ôta une hauffe ; l'inclinaifon, vérifiée de nouveau, fut de trente-cinq degrés moins quelques minutes ; on affura la tuyere à ce point : les deux feux fuivans ont produit huit cents huit livres , fur lefquelles fix cents trente d'acier fupérieur. Le travail s'eft foutenu , & a été excellent les femaines fuivantes.

Pour donner à la tuyere la déclinaifon qu'elle doit avoir vers les deux tiers du feu , nous avons indiqué une pratique qui fuffit , & qui a l'avantage de conferver intaĉte la pofition de la tuyere. En voici une autre tout auffi bonne & auffi facile. Le milieu du creufet étant donné & tracé fur le calibre , on le pofera dans la ligne de direĉtion , *a b*,

T

Fig. I, *Pl. II.* Il faut retirer, vers le contrevent, l'angle à droite du calibre, & ne pas bouger de place celui qui eſt du côté du chio touchant aux *porges*. Par cet ordre, le calibre fera, avec les *porges*, un angle très-aigu, dont le ſommet ſera du côté du chio; l'ouverture de cet angle n'excedera pas cinq degrés.

La conſtruction actuelle des tuyeres me paroît défectueuſe; l'ignorance ou l'avidité de ceux qui les fabriquent, les porte à leur donner plus de poids & d'ampleur qu'elles n'en devroient avoir. Il ſe perd beaucoup de vent par leur pavillon, parce que ſon diametre eſt trop grand. Il faudroit le réduire à ſix ou ſept pouces. Si les tuyeres étoient plus étroites, le vent entreroit plus droit dans le feu & avec plus de force; au lieu qu'il s'éparpille en gerbes à la ſortie de la buſe ou *canon*. Plus les parois de la tuyere font éloignées, moins le vent fe réunit, moins fa direction eft droite ; fes diverfes colonnes font ricochet ; il en réflue une grande partie ; fa force diminue , & fa direction en eft dérangée. Ce défaut trompe fouvent le *Foyer* ; il croit que le vent a diminué dans la caiffe à vent , tandis que fon affoibliffement ne provient , dans ce cas, que du trop grand évafement de la tuyere ; défaut qui augmente à proportion qu'elle s'ufe.

•La longueur totale des tuyeres ne devroit point excéder trois pieds fix pouces. Celle qu'on leur donne au-delà embarraffe les *Foyers*. Lorfqu'ils veulent faire *piquer* ou *rafer* la tuyere , qu'elle foit longue ou courte, ils fe fervent des mêmes hauffes; ils les placent toujours à-peu-près au même endroit, fans fonger que la différence dans la longueur de l'axe , en porte une confidérable dans l'inclinaifon qu'ils veulent donner.

On applatit les tuyeres en-deffous, pour les empêcher de rouler fur leur fol, & pour qu'elles y repofent avec précifion. On devroit leur donner la même forme du côté de la *cave* ou de ruftine ; la routine elle-même en retireroit un avantage, en ce que le *canon du bourrec* s'appliquant jufte de ce côté, on lui donneroit forcement une direction droite : au lieu qu'errant dans un trop grand efpace, les *Foyers* ne favent pas diriger le *canon* avec la précifion néceffaire ; le vent fe divife ; il en réflue une bonne portion au grand détriment du fondage. Les plis & les coudes qu'on fait à la tuyere produifent le même mal ; telle eft la raifon pour laquelle on les profcrit, lorfqu'on veut établir une bonne fabrication. J'ai fait repréfenter, *PL. V*, *Fig.* 4, une tuyere dans les proportions que je viens de propofer.

IV. SUR LE CANON DU BOURREC.
La bufe, ou *canon du bourrec*, coopere infiniment à la force & à l'activité du vent. Ses dimenfions font arbitraires. Si les tuyeres confervent leur longueur actuelle, le *canon* doit être long & le *bourrec* court; on aura plus de facilité pour diriger la bufe. Si le *battant* de toutes les Forges devient uniforme, la longueur du *canon* pourra être par-tout la même; mais quelle qu'elle puiffe être, on doit veiller foigneufement au diametre de fes deux orifices; celui de derriere doit avoir au plus fix pouces; celui de devant, ou fon œil, n'excédera point quinze lignes dans les Forges à grand vent, treize lignes fuffiront aux petites Forges; dans celle de *Guille* il en a quatorze.

On manque de vent dans plufieurs Forges, & l'on donne un diametre énorme à l'œil du *canon* ; c'eft tout au rebours ; il faut le rétrécir pour accroître la rapidité du vent, & faciliter fon entrée dans le feu, deux chofes qui fuppléent à fa foibleffe. Les *Foyers* ont des principes bien oppofés ; moins une trompe donne du vent, plus ils élar- giffent l'œil du *canon*, parce qu'il paffe, difent-ils, plus de vent par une grande ouverture que par une petite. Leur phy- fique ne s'étend pas plus loin.

C'eft un principe inconteftable que le vent doit aller droit dans le feu ; appuyés fur ce fondement, nous avons dit qu'on ne devoit permettre aucun an- gle dans la commiffure des divers tuyaux. Les *Foyers* fe conduifent autrement. Auffi dans leur routine, le vent croife toujours, parce qu'étant forcés de le diriger vers la ruftine, ils ne favent le faire qu'en déclinant la tuyere de ce côté. Le *canon* reftant droit, fon œil

fait un angle avec la paroit de la tuyere,
& dès-lors il se perd plus de vent qu'il
n'en entre dans le creuset. Sur vingt
Forges qui vont mal, il y en a plus de
moitié dont le dérangement ne provient que de cette cause : après la mauvaise inclinaison de la tuyere, je n'en
connois pas d'aussi puissante ni d'aussi
générale ; l'une & l'autre sont la pierre
d'achoppement de tous les *Foyers*.

Quelquefois, après avoir placé une
tuyere neuve, le vent recule; le Foyer
croit qu'il ne va pas droit ; tout bonne-
ment il change la direction de la tuyere :
bien loin de guérir le mal, il l'augmente.
Il provient, dans ce cas, de la dispro-
portion du *canon du bourrec* avec la
tuyere. On remédiera à ce vice, on
le préviendra même; si l'on se conforme
aux proportions que nous avons fixées
pour l'un & pour l'autre.

L'œil du *canon* a trop d'épaisseur pour

qu'il puisse s'appliquer, sans ressaut, contre la tuyere ; il suffiroit de donner deux lignes à son bord inférieur.

La commissure de la buse ou *canon* dans la tuyere, doit avoir aussi sa mesure, elle doit être relative à la force du vent : mais quelle qu'elle soit, on l'augmente en avançant le *canon* ; on la diminue en le reculant. Ainsi, cette mesure ne peut rester arbitraire sans le plus grand danger. Dans la Forge de *Guille*, la buse est a dix-sept pouces de distance de l'œil de la tuyere, lorsqu'elle est neuve ; on avance le canon a proportion qu'elle s'use ; enfin, lorsqu'elle est *tronc*, l'œil de la buse n'est plus qu'à treize pouces de distance de celui de la tuyere. Jusques à ce que l'uniformité soit parfaitement établie dans toutes les Forges, ces proportions ne sauroient être générales, parce qu'elles sont soumises à la force du vent ; jusques alors, cha-

cun doit chercher les rapports particuliers de fa Forge ; dès qu'il les aura
connus, il les maintiendra facilement
avec le fecours de la double verge à crochet & à couliffe repréfentée, *PL. V*,
Fig. 3.

Comme les circonftances varient
affez fouvent dans une Forge , il eft
d'une néceffité abfolue d'avancer ou
reculer le *canon*, fuivant que le cas le
demande ; cette manipulation a fes em-
barras, & peut n'être pas fans inconvénient. J'ai toujours fouhaité qu'on
fabriquât une bufe compofée de deux
tuyaux , dont l'un rentreroit dans l'autre ; en ajuftant à ces tuyaux une forte
de cremaillere à écrou , on allongeroit
& racourciroit cette bufe à volonté ;
fi, comme je le crois, ce *canon* avoit
fon effet , on ne feroit plus forcé d'enlever le *bourrec* de place , lorfque l'on
voudroit avancer ou reculer fon *canon*.

On retireroit un avantage bien plus
précieux encore d'une bufe ainfi conftruite, puifqu'en tout état de travail on
pourroit effayer le bien & le mal qui
réfulteroient d'une plus forte ou d'une
moindre quantité de vent dans le creufet ; & que fi jamais on parvenoit à
trouver un inftrument pour en eftimer
la quantité, on auroit dans cette bufe,
un excellent moyen pour le graduer.

V. SUR LE MARTEAU. Si le *máil*,
ou gros marteau, par fa précifion & fa
diligence, ne feconde point les opérations du fondage, on ne fauroit retirer
de la fabrique tout le bénéfice qu'elle
doit rendre. Dès que le marteau eft
lent, ou qu'il débite mal le fer, on
doit éprouver une augmentation dans
la confommation du charbon, & une
diminution dans la matiere. L'un &
l'autre deviendra fenfible, fi l'on confidere que lorfque le marteau met plus de

temps à étirer une barre , le fer qui reste est beaucoup plus froid , & que cet objet se répétant dix-huit à vingt fois par masfé , doit accroître nécessairement la consommation , parce qu'il faut chauffer plus long-temps. La diminution dans la matiere, est également une suite de la lenteur du marteau ; lorsqu'il va mal , la *balejade* est moins longue : cependant c'est le moment le plus pré- cieux ; s'il n'est point troublé par le chauffage , c'est alors que la fusion se fait avec le plus d'utilité ; c'est alors que *l'Escola* peut mieux *assurer* son massé. Sous un marteau bien allant , avec une seule chaude , on divise la *massoque* , on *tire la queue*, & on étreint la *massou- quette* ; il en faut trois , lorsque le *mail* va lentement.

Il seroit facile d'indiquer des moyens pour donner plus de velocité au mar- teau , & pour augmenter sa force de percuffion. Cet objet tenant de trop loin à la méthode de fabrication qui nous occupe, nous ne parlerons que de deux points effentiels, le *tiers* & la pofition du *cadaibre* ou arbre de la roue.

La *bogue* ou huraffe doit être placée au tiers de la longueur du manche du marteau, à prendre du bout qui eft auprès du *cadaibre*, & c'eft cette mefure qu'on nomme le *tiers*. Ce tiers ne peut être le même dans toutes les Forges; il doit être relatif au *battant* du *mail*, c'eft-à-dire, à la diftance de l'arbre de la roue, à l'enclume. Trop de *tiers* fait reffauter le marteau ; il frappe mal, & le fer s'étire avec peine. Trop peu de *tiers* le rend pareffeux & lent, & caufe une plus grande dépenfe d'eau. Il faut donc favoir trouver cette véritable proportion, qui, en évitant tout excès, rend le marteau tel qu'il doit être.

Il en eft à-peu-près de même pour

l'élévation. On détermine, par derriere, l'élévation du devant du marteau. Le *maillé* laiffe un intervalle de neuf pouces, à neuf pouces fix lignes, entre la *chappe* & le manche, lorfque celui-ci eft à la place où il doit recevoir le marteau qu'on veut emmancher.

L'arbre de la roue ou *cadaibre* demande une attention particuliere lorfqu'on le pofe. S'il eft trop horizontal, il fait reffauter le *caxadou*, & brife tout; s'il eft trop incliné, il éleve le marteau péniblement. Dans la Forge de *Guille*, il incline du côté de la roue ; pofant fur fa furface le *tuyerometre*, en guife de niveau, le plomb a marqué prefque trois degrés, c'eft-à-dire, que l'arbre fait, avec la perpendiculaire, un angle de quatre-vingt-fept degrés du côté du *caxadou*, & de quatre-vingt-treize du côté de la roue.

Je pafferois les bornes que je me

fuis prefcrites , fi j'expofois tous les vices de la fabrication des marteaux & des huraffes ; un marteau coûte environ cent piftoles , & fouvent il ne dure pas deux ans. Ce qui hâte communément fa perte, c'eft le creux qu'on laiffe dans l'aire de fon œil (*la margafou*) , lorfqu'on foude les *lames* ou joues de la mortaife. On peut éviter ce défaut, en foudant à un des moignons (*maftegou*) des *lames*, une groffe piece intermédiaire , qui , lorfqu'on réunira les *lames* fous le marteau , refluera par le haut, & garnira ce vuide. M. Vergnies l'a pratiqué ainfi avec fuccès.

La fabrication des enclumes, quoique d'une moindre importance , n'eft pas meilleure ; on eft fouvent obligé de les renouveler trois à quatre fois dans un mois ; la mauvaife habitude où l'on eft de les tremper en entier, eft la principale caufe de leur peu de durée. On

prolongera bien plus long-temps leur
fervice, fi l'on ne trempe que leur aire
(la *taule*) fur une épaiffeur d'un pouce.
L'aire, par ce procédé , a la dureté
néceffaire, & le deffous eft bien moins
fragile.

VI. SUR LA MINE. Il eft fans difficulté que la qualité du Minérai doit
influer fur le bon ou mauvais fuccès de
la fonte ; mais vouloir rejeter fur elle
tous les défauts du fondage , eft une
erreur groffiere des Ouvriers , qu'ils
n'ont imaginée que pour pallier leur
ignorance. On voit tous les jours une
Forge faire du très-mauvais fer avec du
Minérai, qui en rend d'excellent dans
la Forge voifine. Souvent même c'eft
le même Minérai qui en a rendu , ou
qui en rendra bientôt de très-bon dans
la Forge dérrangée ; ce n'eft donc pas
au Minérai qu'il faut imputer les vices
des maffés. On le doit d'autant moins,

qu'en général, tout celui qu'on tire de *Rancié*, eft de la meilleure qualité. Ce préjugé eft très-dangereux, en ce que un *Foyer* qui fe retranche à l'abri de ce prétexte, fe croit en droit de ne tenter aucun remede.

On devroit rechercher quelles font les proportions des différentes qualités de Minérai avec lequel on obtient les meilleurs produits. Ce mêlange, il eft vrai, eft dû au hafard; & quoiqu'il fût impoffible de l'avoir, dans tous les temps, dans la même proportion, on pourroit le pratiquer quelquefois avec avantage.

Dès qu'on ne peut révoquer en doute les bons effets de la manganefe fur la fonte, il feroit utile d'eftimer la dofe qui doit en entrer dans chaque charge. Les Mines de *Rancié* n'en fourniffent pas toujours; on pourroit fuppléer à leur défaut. Il exifte de puiffantes veines

de

de manganefe dans la montagne noire, en Languedoc.

VII. SUR LES PROCÉDÉS. Si les circonftances étoient toujours les mêmes, les lois générales de la fabrication du fer suffiroient pour en perpétuer le fuccès. Mais comme le vent n'eft pas toujours également fort, ni également fec, fur-tout dans les caiffes à vent en bois, que la nature des Mines & celle des charbons varient, il eft néceffaire de faire, dans les procédés, des changemens relatifs à ces variations ; un *Foyer* expérimenté faura apprécier, prévenir même les autres.

Il eft certain qu'on pourroit faire le grillage avec plus d'économie : fi les gros quartiers de Minérai étoient morcelés, le feu les attaqueroit beaucoup mieux, parce qu'ils préfenteroient plus de furfaces ; & la divifion de l'aggrégé, qui doit être ici l'objet principal de

.V,

cette opération, se feroit avec plus de facilité.

On a essayé autrefois à *Gudanes*, de fondre la Mine crue ; on avoit même rasé les fourneaux de grillage ; le succès ne répondit point à l'attente ; on fut obligé de revenir à la torréfaction de la Mine. Il est incontestable, que les Hématites, & toutes les Mines fortes, ont besoin d'être cuites : mais les Mines spathiques noires, les Mines douces, légeres & terreuses, ne contiennent point de parties sulphureuses ; elles se divisent & se fondent avec la plus grande aisance ; pourquoi donc les rôtir ? L'expérience que j'ai rapportée prouve suffisamment qu'elles n'en ont pas besoin ; l'économie dans la dépense du bois, du charbon & de la main-d'œuvre, suffit bien pour engager les propriétaires à supprimer le rôtissage de ces Mines.

L'expérience a prouvé aussi que lorsque les Mines sont mal cuites, il faut travailler plus lentement, & donner plus de profondeur au creuset sous la tuyere; quinze, seize pouces par exemple : sans cette précaution, les massés sont baveux, mols & peu pesans ; il faut, au contraire, rehausser un peu le creuset, lorsque les Mines sont grasses & bien cuites, ou, comme disent les Ouvriers, *encarrallaides*.

Toute la Mine d'un grillage n'est pas également rôtie. Cette différence influe sur le produit ; il baisse d'ordinaire, lorsqu'on emploie la Mine du fond & du dessus du fourneau. Pour parer à cet inconvénient, il faut reculer de quelques lignes le *canon du bourrec*, ou faire un peu *raser* la tuyere. En pareil cas, M. Vergnies a sensiblement amélioré son travail, en reculant simplement la buse de huit lignes.

Les *Escolas* peuvent rendre vaines toutes les précautions du Maître ; leur négligence , ou leur mauvaise manipulation , caufent très-fouvent divers accidens. Ce qu'ils appellent un *agrou* , en fournit un exemple : c'est une écaille de craffe mêlée de fer , qui fe forme & s'attache au fond du creufet , & qui , par fon épaiffeur , en rehauffe le fonds. Elle provient de ce que l'*Escola* fait trop tôt la premiere percée , ou bien de ce qu'il ne vuide pas affez le creufet lorfqu'il la fait.

La pierre fe brûle auffi quelquefois par la faute des *Escolas* ; ils tardent trop à donner la Mine ; il en eft qui attendent pour le faire jufques à mi-fondage. C'eft beaucoup trop , l'extrême violence du feu la dévore , parce qu'elle eft à nud ; fi l'on donne la Mine à temps , le culot fe forme plutôt , il recouvre la pierre & la garantit.

Les chaudes de la feconde maffouquette feront, pour les *Efcolas*, une
indication du temps où il faut donner
la Mine ; avec un peu d'intelligence,
ayant toujours égard au volume du
maffé qui s'étire, ils la faifiront aifé-
ment. Lorfqu'un feu eft en bon train,
c'eft la feconde chaude de la feconde
maffouquette qui leur doit fervir de
fignal.

Le laitier, par fa qualité, contribue
au bon ou mauvais fuccès du fondage ;
s'il eft trop vitrifié, il brûle, il dévore
le fer ; s'il eft trop gras, il l'entraîne
avec lui. La grande tenacité de la craffe
dépend trop fouvent du défaut de proportions dans le creufet ; elle fe liquefie
mal dans un creufet trop petit. Elle eft
quelquefois fi gluante, qu'elle ne peut
fortir par le chio ; elle remonte jufques
à la *plie*, & met le défordre dans le feu.
Dans ce cas, & en général dans tous

ceux qui ont pour caufe le trop de tenacité du laitier , il faut avoir recours
aux fondans , il faut employer le fable
comme à *Arles*. Le laitier lui-même ,
bien broyé & mêlé avec la *greillade* ou
Mine en poufliere , fert alors très-uti-
lement.

L'excès de vent peut caufer un vice
approchant. Lorfque le laitier fe bour-
fouffle au fortir du feu , & qu'il fe réduit en poudre après avoir été trempé ,
il eft à préfumer qu'il y a trop de vent
dans le creufet ; on en diminuera le volume & l'activité , en reculant le *canon
du bourrec* , & en réglant la pofition de
la tuyere , d'après les principes établis.
Le feu , dans ce cas , ne donne pas des
fignes extraordinaires d'ardeur ; il attaque fourdement la Mine avec violence ;
il confomme plus , & rend moins.

Ce n'eft point dans ce cas feul que
l'on peut employer utilement la craffe.

Si une Forge va bien, on peut en mêler, fans crainte, de foixante à foixante-dix livres par maffé. Cette craffe diminue d'autant la confommation de la Mine; elle facilite la fufion; & ce qui eft bien plus avantageux, elle ne nuit point à la bonne qualité du fer. Ici j'attefte encore l'expérience de la Forge de *Guille*, où l'on fait ufage de la craffe.

Les *bourres* préfentent encore un autre objet d'économie. Ce font des parties de fer poreufes, remplies de groffes bulles, fouvent mêlées avec des charbons. Comme elles n'ont pas éprouvé une fufion entiere, elles n'adherent point au maffé; elles s'en détachent fous le marteau, ou bien elles coulent avec le laitier. Celles qui fe détachent du maffé font remifes dans le feu qui fuit, à-peu-près vers les trois quarts de fa durée; on ramaffe les autres dans le canal dans lequel on jette les craffes; l'eau, par fon action, fépare les fcories des *bourres*, elle entraîne les premieres ; les autres étant plus pefantes, fe précipitent dans les creux du canal. Il faut ramaffer ces *bourres* avec foin : fi on les diftribue dans les maffés , le produit en eft bien meilleur. Il eft plus d'une Forge où cette pratique eft en ufage ; je l'indique en faveur de celles qui ne la connoiffent pas ; je confeille à toutes de pratiquer des creux dans le canal où l'on jette les fcories ; par ce moyen , on retiendra une plus grande quantité de *bourres* & de *grenailles*.

On ne fauroit trop prendre en confidération tout ce qui peut tendre à diminuer la confommation du charbon. Quoique déjà très-cher , il peut le devenir davantage , fi l'on conferve la même indifférence pour la culture & l'aménagement des bois. En général, on confomme trop de charbon dans

toutes les Forges, même dans celles où
il eſt rare. On en voit où l'on ſait faire
brûler les charbons pendant plus long-
temps, ſans en dépenſer une plus grande
quantité. Cela dépend preſque toujours
de la manipulation de l'*Eſcola*, & entre
autres choſes, de ce qu'il perce moins
ſouvent, & qu'il laiſſe couler moins de
ſcories à chaque percée.

Dans les Forges de *Vicdeſſos*, une
heure & demie avant la fin du maſſé, on
ne fournit plus de charbon ; à *Gudanes*,
au *Caſtelet* & ailleurs, on ne ceſſe preſque pas d'en jeter dans le feu ; auſſi le
fondage étant fini dans les Forges de
Vicdeſſos, on n'en retire gueres que
la valeur d'un demi-ſac de deſſus le
maſſé ; dans quelques autres, il en reſte
trois ou quatre fois autant. En général,
plus le charbon eſt abondant dans une
Forge, plus on en conſomme ; je connois
des lieux où la dépenſe inutile en charbon

de deux Forges qui marchent , suffiroit pour en alimenter une troisieme qui chomme ; leur produit n'est pas meilleur pour cela ; d'ordinaire la Forge qui va mal , consomme plus que celle qui rend un bon produit.

Au reste , & je ne saurois assez le répéter , en supposant toute sorte d'avantages dans les matériaux & les circonstances , c'est du concours & de l'ensemble des proportions & des regles , que dépend le meilleur produit. J'ai d'autant plus de confiance dans ces améliorations , que ce n'est point un système enfanté dans le loisir du cabinet ; cette théorie a l'avantage d'être le résultat d'une assidue & longue fréquentation de nos Forges ; son efficacité est confirmée par les succès non interrompus de dix années de pratique. La Forge de *Guille* étoit habituellement dérangée ; elle faisoit peu de fer , & de

très-médiocre qualité ; elle étoit entie‐
rement livrée aux Ouvriers & à la rou‐
tine. M. Vergnies fentit qu'une marche
auffi erronée ne devoit rendre que des
fuccès fortuits & momentanés ; il con‐
fulta des perfonnes inftruites ; il leur
communiqua fes vues & fes projets ; il
étudia tout ce qu'il lui importoit de
connoître pour le régime de fa fabrique ;
il tint un journal exaƐt de *l'aller* de fa
Forge ; il nota tout, jufques au moindre
accident ; il eft enfin parvenu, après
des obfervations affidues, & qu'il con‐
tinue encore, à mettre fa fabrique fur
le meilleur pied ; il a vaincu l'obftina‐
tion & la vanité des Ouvriers, par
l'attention & la vigilance les plus fou‐
tenues.

Tant de foins ne pouvoient être in‐
fruƐtueux ; cette Forge a dû rendre, à
fon Maître, la jufte récompenfe de fon
application : j'ai été curieux de connoître

quel a été fon produit depuis les améliorations qui y ont été introduites. M.
Vergnies m'a permis de compulfer le
livre de raifon de fa Forge. J'en ai pris
le relevé , & j'ai trouvé que depuis le
6 Octobre 1783 , jufques au 27 Septembre 1785 , malgré les chommages occa-
fionnés par le défaut d'eau , ou par
d'autres caufes étrangeres à la fabrication, cette Forge a fait, durant ce temps,
mille huit cents vingt-trois feux , qui
ont produit fept mille vingt-deux quintaux foixante livres de fer ; & fur cette
fomme, il y a eu plus de mille quintaux
de fer fort , ou acier. En divifant la
fomme du fer, par le nombre de feux,
on trouve que les maffés ont rendu ,
l'un dans l'autre, plus de trois cents
quatre-vingt-cinq livres ; produit plus
étonnant encore par fon égalité que par
fa fomme , fur-tout dans une Forge qui
n'eft pas bien puiffante.

Voilà, sans doute, la meilleure réponse que je puisse donner à ces personnes, qui, affectant le scepticisme le plus soutenu & une science universelle, m'ont demandé quel bien résulteroit des changemens que je propose ? Il est des regles dont la raison est sensible, & qu'on peut appuyer par les principes de la physique ; il en est d'autres qui gissent purement en fait ; une longue expérience peut seule attester leur efficacité. Qu'on me demande, par exemple, pourquoi l'inclinaison de la tuyere doit faire un angle de trente-cinq degrés avec la ligne horizontale du creuset ? Je répondrai qu'à force de tâtonner, en essayant de l'incliner à divers degrés, au trentieme, au quarantieme, par exemple, on a eu, toutes choses égales d'ailleurs, un mauvais produit ; qu'on l'a obtenu très-bon, lorsqu'on a donné l'inclinaison de trente - cinq degrés ; qu'il fe foutient lorfqu'on affure ce terme ; & que plus on s'en écarte, plus on met le défordre dans le travail.

Au fond, je ne vois pas où eft le rifque. D'un côté, tout eft arbitraire, incertain & prefque fortuit : de l'autre, ce font des principes fains, des proportions ftables, fixes, confirmées par un long fuccès, qui fe rapportent les unes aux autres, & avec lefquelles, fi on va bien une fois, on eft moralement affuré d'aller toujours de même. Dans ces deux partis, je penfe qu'un homme raifonnable n'héfitera pas, & qu'il donnera la préférence à la méthode, qui, fondée fur des lois ftables, affure, à la fabrique, une marche plus égale & plus lucrative.

VIII. SUR LE FER FORT OU ACIER. Je ne diftingue point ces deux qualités, & j'ai donné les motifs de mon juge-

ment. Tout ce qui concerne l'acier naturel, mérite la plus grande attention.
Quel grand bien ne feroit-ce pas pour
le Royaume, fi, pour perfectionner
notre acier, & le rendre le rival des
beaux aciers fondus, on trouvoit un
moyen auffi fimple, que celui par lequel
il eft immédiatement extrait de fa Mine
dans nos Forges (1)?

Les faits que j'ai rapportés touchant
la fufion parfaite d'une partie du maffé,
la grande propenfion qu'il a dans certaines circonftances à couler ainfi ; la

---

(1) Le Gouvernement a engagé, par des récompenfes, M. Moyroud, Maître de Forge, à publier
un moyen économique qu'il a trouvé pour la fabrication de l'acier. Il faut, pour exécuter ce procédé,
deux Forges & deux maillots dans le même établiffement. Dans notre méthode, un feul feu & une
feule opération fuffifent, & on extrait immédiatement l'acier de la Mine. La célérité, l'économie,
la fimplicité de notre procédé le rendent, ce me
femble, bien préférable à tous ceux que l'on connoît
encore. Journal de Phyf. Fév. 1785, pag. 108.

douceur & la ductibilité, presque ordinaires au fer provenu de cette fusion,
ne permettent pas de douter qu'il ne soit
possible d'obtenir une fonte malléable.
Les grands avantages qui en résulte-
roient pour les Arts, & sur-tout pour
l'Artillerie, doivent tout faire tenter,
pour parvenir à l'exciter à volonté. On
est en droit de l'espérer de la méthode
de nos Forges ; on ne manquera pas
d'occasions pour y observer cette fusion.
Il est vrai que nos creusets sont trop
petits pour fournir à de grandes fontes ;
seroit-il impossible d'appliquer notre méthode à plusieurs fourneaux plus grands,
réunis dans un même lieu pour cet
objet ?

Le bénéfice qui revient aux propriétaires de Forge, de la production du
fer fort, ou acier naturel, les rend très-
attentifs à tout ce qui peut l'accroître.
Nous ne nous sommes pas dissimulés,
que

que ce beau phénomene étoit enveloppé de nuages épais, qui nous en dérobent la caufe; néanmoins nous avons indiqué des procédés, avec lefquels on eft prefque affuré d'obtenir de l'acier lorfqu'on le voudra.

Nous avons reconnu que la lenteur, dans le travail, étoit une des principales caufes de la formation de l'acier (1), & que, pour cette raifon, les trompes baffes étoient les meilleures. Les charbons de bois réfineux accélérant la fúfion, favorifent peu cette produ&tion; ceux de bois dur y font plus propres, principalement celui de hêtre : les ma-

(1) J'en rapporterai encore un exemple bien frappant. Dans la nuit du 3 au 4 Janvier 1786, le froid étant très-rigoureux, les glaces ont diminué le vent dans la trompe de la Forge de *Guille*; les *trompils* fe bouchoient à chaque inftant, le maffé a duré huit grandes heures; on n'a employé que douze facs de charbon; on a eu quatre quintaux de fer, dont trois d'excellent acier.

X

nipulations appropriées des *Efcolas*, y contribuent pour une bonne part : enfin, la qualité du Minérai y concourt puiſ-famment. Les Mines ſpathiques noires ſeules n'en donnent jamais, tandis qu'on en obtient beaucoup avec les hématites & la manganeſe.

Voilà les lois générales que j'ai pu déduire d'une longue pratique & d'une obſervation non-interrompue ; je ſais qu'on pourra m'oppoſer cent exceptions; on citera des Forges à grand vent, comme celle de *Lacombe*, celle de *Caponta* à Vicdeſſos, qui fabriquent ordinairement beaucoup d'acier. Cette exception ne contredit point mes principes ; il eſt des moyens de prolonger le travail, quoi-qu'on ait beaucoup de vent : & c'eſt, dans ce cas, que l'ignorance des Ouvriers, ſi nuiſible d'ailleurs, fait ſortir le bien du ſein du mal. La Forge de *Caponta*, l'une des plus puiſſantes, fait ſouvent

deux, trois, jusques à quatre feux par
semaine de moins que celle de *Guille*,
dont les trompes sont plus basses, au
moins de trois pieds. *Caponta* rend beaucoup de fer fort ; je visitai un jour cette
Forge ; elle faisoit un gros tavail ; cependant le *canon du bourrec* étoit tout
de travers ; le vent *croisoit* ; je n'ai jamais vu de Forge où la direction fût
aussi mal établie, & ce fut un bonheur
pour le propriétaire. Comme le vent
croisoit, il en réfluoit une grande quantité, & il n'en entroit, dans le creuset,
que celui qui étoit relatif à ses dimensions ; si tout le vent fût entré dans le
fourneau, il eût bouleversé la fabrique.

Mais si les charbons de bois dur sont
plus favorables à la formation de l'acier,
d'où vient qu'il est si rare que l'on en
fasse dans celles des Forges du Languedoc, qui n'en consomment pas d'autres, tandis qu'à la Forge de *Niaux*,

& souvent dans celles de la vallée de Vicdeffos, avec le charbon de chêne employé feul, on en fabrique fi fréquemment ? Dès que le charbon de hêtre eft le plus propre à cette production à Vicdeffos, pourquoi, à *Gudanes*, où le charbon eft excellent, & mêlé avec celui de fapin, fait-on fi peu de fer fort ? Enfin, il n'eft pas fans exemple qu'avec du charbon de pin feul, on ait obtenu de l'acier. Il eft probable que des vices locaux nuifent à l'effet des regles générales dans les Forges dont nous venons de parler, on n'y connoît point de proportions fixes ; & s'il faut tant de vigilance pour les maintenir, là où elles font établies, que peut-on attendre du hafard & de la routine, lorfqu'elles font ignorées ? A *Gudanes*, par exemple, le creufet eft beaucoup trop évafé ; l'œil du *canon* eft très-ouvert ; la tuyere n'a pas affez d'entrée , &c. La Mine, travaillée avec des charbons récemment cuits, donne communément du fer inférieur à celle qui eſt fondue avec des charbons anciens, d'un an par exemple ; peut-être manque-t-on à cette précaution en Languedoc. M. Vergnies a retiré deux quintaux d'acier d'un maſſé fait avec du charbon de pin ; mais ſi la Mine étoit très-réfractaire, ſa difficulté à être attaquée, a balancé l'ardeur & la vivacité de ce charbon ; au ſurplus , je ne tenterai pas de tout expliquer ; il eſt même très-difficile de ſaiſir ces différences ; & l'on ne pourra en rendre raiſon que lorſqu'on aura mieux & plus long-temps obſervé cette partie de la fabrication de nos fers, qui eſt encore bien peu connue.

En alléguant quelques exceptions , on pourroit auſſi conteſter à la manganeſe ſon influence ſur la production de l'acier naturel ; car lorſqu'elle abonde,

toutes les Forges devroient en donner,
puisque toutes emploient le même Minérai; souvent c'est l'époque où les Forges qui en fabriquent habituellement,
n'en rendent presque pas. La manganese
est sans doute un des plus puissans agens
de la formation de l'acier ; mais seule,
& destituée du concours des autres
moyens , elle ne sauroit développer
son efficacité. C'est ainsi que, dans ce
moment (Décembre 1785) , toutes
les Forges , plusieurs même en Languedoc, ce qui est bien rare, fabriquent
à l'envi beaucoup de fer fort ou acier;
le Minérai abonde en manganese. Cependant, la Forge de *Lacombe*, celle
de *Siguer*, qui fait un gros travail,
celle de *Gudanes*, qui est très-réputée,
n'en donnent presque pas.

Lorsque toutes les Forges , après
avoir passé un temps assez considérable
sans fabriquer de l'acier , se mettent

comme de concert à en produire , &
que dans le même temps le Minérai
qu'on emploie eſt riche en manganeſe ,
on ne peut raiſonnablement attribuer
cette production, preſque unanime, qu'à
ce demi-métal ; puiſque , lorſqu'il diſparoît dans le Minérai , le produit en
acier s'évanouit avec lui , & revient
auſſi-tôt qu'il ſe montre. Pour ce qui
concerne les Forges , qui font exception à ce qui arrive généralement , je
voudrois avoir examiné la diſpoſition
de leur creuſet, meſuré ſes proportions,
avoir vérifié la direction de la tuyere,
ſon inclinaiſon , &c. J'oſerois aſſurer,
ſans l'avoir vu , qu'elles ſont en défaut,
qu'il n'y a aucune correſpondance entre
leurs parties. Dès-lors leur dérangement
n'a plus rien qui doive étonner. Qu'on
rétabliſſe l'ordre dans toutes les parties
de la Forge ; qu'on ſe conforme aux
regles & aux principes , & ces Forges

auront des fuccès, dont la durée récom-
penfera largement des foins que cette
manutention exige.

IX. Vues générales. Il faut des
regles pour affurer à la fabrique une
marche égale & foutenue ; il faut fur-
tout les connoître fous tous leurs rapports, non-feulement pour en faire une
jufte application, mais encore pour juger des cas où il peut être profitable de
s'en écarter. Celui qui aura le mieux
obfervé, qui aura recueilli le plus grand
nombre de faits, combiné le plus de
rapports, jugera le plus fainement, &
dirigera fa fabrique avec le plus d'avantage.

Pour travailler avec fruit, il faut
corriger les abus à mefure qu'on les découvre ; fur toutes chofes, on doit tenir
un journal exact & détaillé de fa Forge
pendant plufieurs années. Si on note
les accidens qui font arrivés, & les

remedes qu'on a employés, on s'affu-
rera, pour l'avenir, de leur efficacité, ou de leur indifférence dans
des cas pareils. On ne doit jamais
ordonner le remede, qu'on ne connoiffe
le fiege du mal ; bien loin de le guérir,
on l'aggrave fi l'on ne fait que tâtonner.
Qu'on ne fe permette jamais le moindre
changement fans une caufe légitime. M.
Vergnies voyoit fa Forge baiffer ; un
dixieme feu ne donna que trois cents
fept livres de fer. La tuyere n'avoit pas
bougé de place ; fon œil étoit le même ;
le *Foyer* vouloit la changer ; M. Vergnies
s'y oppofa. Il fit mefurer le creufet ; la
tuyere fe trouva avoir vingt lignes
d'élévation de moins que de coutume.
On fouilla au fonds du creufet ; on le
trouva rehauffé par une écaille de fer
(une *agrou*) ; on l'enleva ; & fans autre
changement, le maffé fuivant donna
quatre quintaux trente-trois livres.

Souvent le travail eſt dérangé dans une Forge, par la négligence du Maître ou du Commis à ſe fournir, non-ſeulement de gros matériaux, mais encore des outils, ou de ce qui leur eſt acceſſoire. C'eſt une ſage précaution que de faire des approviſionnemens de Mine & de charbon, dans le temps où cela ſe peut commodément. On doit s'attacher à faire de plus grands amas de celle de ces deux matieres, qui eſt moins à la bienſéance de la Forge, ſur-tout pour le charbon, celui qui eſt récemment cuit, eſt nuiſible à la fonte. Si l'on eſt forcé de l'employer bientôt après, on doit avoir ſoin de le mouiller, lorſqu'on le porte au magaſin : l'expérience enſeigne qu'il perd alors de ſes qualités malfaiſantes, & qu'il eſt plus propre à la fonte. Il eſt vraiſemblable que cette humidité excite une fermentation, à l'aide de laquelle

l'acide , s'il en exifte , ou tout autre
principe , s'évapore.

Le moindre accident au marteau , fait
fouvent chommer la Forge. Un manche
caffe , une *bogue* ou huraffe fe fend ; il
faut attendre qu'on en ait fabriqué une
autre ; il faut s'enquêter d'un manche ,
le faire traîner , pofer , voilà bien du
temps perdu ; avec un peu plus de pré-
voyance , on éviteroit ces pertes plus
confidérables qu'elles ne le paroiffent.
Une Forge doit être munie , & on doit
y tenir en réferve tout ce qui peut être
néceffaire à fon fervice ; des manches
pour le marteau , une huraffe & un
marteau de rechange, des groffes pieces
de bois pour remplacer celles de l'équipage du marteau qui viendront à fe
rompre , des planches , des chevilles ,
des clous , &c. Plus on apportera des
foins à la conduite de la fabrique , plus
elle profpérera.

Lorſque l'on aura trouvé le moyen
de faire produire aux Forges le plus de
fer de bonne qualité qu'elles aient jamais rendu , lorſqu'elles ont le mieux
marché , & que ce produit , ſans augmentation de dépenſe , ſera ſoutenu &
à-peu-près égal , on pourra ſe flatter
d'avoir approché du terme , qu'on ne
ſauroit eſpérer de dépaſſer. Mais qu'on
ne s'y flatte pas ; pour y parvenir , il
reſte encore beaucoup à faire. Une des
voies qui meneroit le plus directement
à ce but, feroit une Forge d'expérience,
dans laquelle un Phyſicien habile , &
exercé aux manipulations , de concert
avec un propriétaire de Forge inſtruit,
qui lui feroit adjoint, tenteroient tout
ce qui pourroit être profitable à l'Art.
Le propriétaire indiqueroit les expériences qu'il importeroit de tenter , &
le motif qu'elles devroient avoir ; le
Phyſicien les approprieroit , & en ré-

gleroit la marche ; tous les deux de concert jugeroient des réfultats, & en feroient l'application.

Un établiffement de cette nature, quoique peu difpendieux, entraîneroit néceffairement des frais. Les particuliers ne voudroient point y contribuer, parce qu'ils ne fentiroient pas le bien qui leur en reviendroit ; ils redoutent d'ailleurs les expériences. Comme elles ont toujours été faites fans principes & fans but, elles ont toujours été nuifibles ; & lors même qu'elles ont réuffi, elles ont occafionné des dépenfes, & eu fouvent des fuites fâcheufes pour la fabrique où l'on les a tentées.

C'eft donc du Gouvernement feul qu'on peut attendre une entreprife de de cette nature ; il n'appartient qu'à lui de décider quel eft le degré de protection, de fecours & d'encouragement qu'il doit accorder à cette branche de commerce, de néceffité premiere pour les nombreux Habitans de nos Pyrénées (1), qui, par leur population, leurs befoins, leur pofition, leur fidélité & leur attachement à leur Prince, méritent fa protection fpéciale.

(1) Le fer, au fortir des Forges du Comté de Foix, paie un impôt de vingt fous par quintal ; une bonne Forge paie donc quinze livres par jour au Roi. La Mine néceffaire pour fabriquer une égale quantité de fer, ne paie, en Languedoc, que cinq livres douze fols. Cette difproportion dans l'impôt, fur une même marchandife, nuit infiniment aux fabriques du Comté de Foix ; elle diminue leur bénéfice, retarde leur confommation, &, par voie de fuite, fait baiffer le prix de leurs fers ; cependant, comme extracteurs de la Mine, comme premiers fabricans, comme peuple forcé à exploiter les Mines, les habitans du Comté de Foix méritent quelque faveur.

En général, l'impôt dont le fer eft chargé, eft un puiffant obftacle aux progrès de fa fabrication ; il eft également affis fur le bon & le mauvais fer ; & ce qui eft un plus grand mal, il ne porte point dans la même proportion fur le bon fer que l'étranger nous vend ; ce qui nuit à nos fabriques, & donne trop de liberté & d'étendue à cette importation.

X. SUR LES BOIS. En vain auroit-on
pourvu à tout ce qui peut affurer à nos
Forges le fuccès le plus conftant; en vain
auroit-on cherché à propager cette méthode utile ; tant d'efforts feront fuper-
flus , fi le Gouvernemens ne prévient,
par fa fageffe , les calamités prochaines
dont le dépériffement de nos forêts nous
menace.

On a propofé d'employer le charbon
de terre , pour diminuer la confommation du bois , & pour donner aux forêts
le temps néceffaire pour fe former. Cet
expédient eft très-fage ; mais la pru-
dence n'exigeroit-elle pas que l'on prît
en même-temps des mefures pour conferver les forêts qui exiftent encore ,
& pour repeupler celles qui ont été
ruinées ?

Mon deffein n'eft pas de traiter de
cette matiere importante ; je n'en parle
que par la liaifon intime qu'elle a avec

les Forges; je me contenterai d'indiquer sommairement ce que l'étude de la loi, l'exercice de la souveraine Magistrature, & les connoissances locales que j'ai acquises dans mes voyages, me font regarder comme le plus important.

Un grand nombre de Communautés ont des usages dans les bois du Roi ou des Seigneurs. Ces usages font le prétexte de la dévastation & un moyen d'impunité. Qu'on évalue à quel nombre d'arpens peuvent se monter les besoins des Usagers; qu'on leur assigne en proportion un quartier séparé, en représentation de leurs droits, & qu'on leur prohibe l'entrée du reste, sous les plus grieves peines.

La manie du défrichement qui a converti en guerets stériles des bois de belle venue, n'a causé nulle part autant de ravages que sur les montagnes. Le seul moyen d'utiliser le peu de terres qui en

recouvrent

recouvrent encore quelques parties, ce feroit d'y femer promptement des bois. La culture de ces terres prépare les ravages des eaux. Jadis les plus beaux arbres croiffoient dans ces mêmes lieux, & les défendoient ; dans peu, on ne verra que des rochers décharnés, là où vegetent à peine aujourd'hui quelques foibles moiffons.

Les Communautés & les Mains-Mortes poffedent des bois rabougris, ou qui ont été extirpés ; on devroit les contraindre d'en planter tous les ans un dixieme ; une extrême vigilance peut feule affurer l'exécution de cet article important.

Les grandes bruyeres & les vacans, pourroient, avec un peu de foin, être convertis en bois. Il y en a de confidérables aux Pyrénées, par exemple, dans les environs de *Capver*, de l'*Efcale-Dieu* en Bigorre ; avec quelle

Y

facilité le bois croît dans ce pays !

Dans nos Provinces méridionales, où le bois vient très-bien, & où il en reste très-peu, on a converti en vignobles une étendue immense de terrain. Les vins y font à si bas prix, que le Cultivateur, qui ne recueille pas de quoi fournir à l'impôt & à la culture, fera forcé d'arracher une grande partie des vignes ; ces terres font, en général, médiocres ; mais comme elles ont du fonds, le bois y profpéreroit. Des primes, des récompenfes, une exemption de la taille accordée pendant plufieurs années pour tout le terrain qu'on auroit femé en bois, favoriferoient fa culture.

L'exploitation des bois ne fauroit être uniforme ; elle doit varier fuivant leur nature. Ce n'eft point l'âge qui doit décider le moment d'abattre les futaies de chêne ; c'eft la qualité & la profondeur du fol. Pour celles-ci, il faut faire coupe nette ; il doit en être autrement pour les coniferes : comme ils ne re-pouffent pas fur fouche , qu'ils ne fe propagent que de graine , & que leur jeune plant a befoin d'être défendu par l'ombre des vieux arbres , il faut les couper en jardinant , ou feulement les éclaircir.

Les baliveaux font la ruine des taillis ; ils devroient être profcrits , parce que leur bois n'eft pas bon , & qu'ils cau-fent fouvent la perte des repouffes ; ils ne rempliffent pas d'ailleurs les vues du Légiflateur , puifqu'au bout de vingt ans, on obtient la permiffion de les couper.

On devroit profcrire les chevres avec la plus grande févérité , & prendre des moyens pour écarter, pendant un temps, les bêtes à laine des forêts ; cette précau-tion fuffiroit feule , dans plus d'un can-ton, pour le repeupler. Il faut l'avoir vu plus d'une fois, & l'avoir vu de près, pour fe faire une jufte idée des ravages étonnans que font ces animaux.

Il s'eft introduit, depuis quelque temps, un genre de délit, qui ruine, fans reffource, les forêts. Quand elles font rabougries, elles n'offrent plus du bois à voler; à la place, il y a de groffes fouches; on extirpe donc jufques à la plus petite racine; ainfi périffent, en un moment, les générations futures de ces arbres antiques. On leur fait à-peu-près autant de mal d'une autre maniere. Lorfque ces fouches ont des tiges, on les fend; on les éclate de force fur pied, au lieu de les couper ras de terre; cette maniere d'exploiter eft mortelle pour les arbres qui repouffent fur fouche. J'ai vu, dans un canton des Pyrénées, une forêt royale, qui avoit fourni autrefois de très-belles mâtures; dont elle conferve encore quelques déplorables veftiges, changée en pâturage par la vigilance affidue des Bergers d'une Communauté voifine, à brûler tous les jeunes arbres qui, pendant long-temps, ont pullulé à l'envi. Le bois eût fervi aux befoins de l'Etat; avec les pâturages, ces Pafteurs élevent de nombreux troupeaux, dont ils retirent un grand profit annuel.

La police des bois demande une ré-forme auffi prompte qu'entiere......
Les Gardes font infuffifans, & ne veil-lent pas. Si dans quelques lieux on fe plaint des recherches des Officiers des Maîtrifes, on ignore, dans d'autres, qu'il en exifte. Ceux de ces Offi-ciers, qui ont charge expreffe de défendre les intérêts du Roi, & de veiller à la confervation de cette belle partie de fon domaine, languiffent, pour la plupart, dans un affoupiffement funefte. Il en eft qui, avertis, même légalement, du défrichement de plu-

fieurs bois , ont gardé le plus coupable filence.

L'impunité multiplie les délits. Tant que la connoiffance & la punition des abus & des délits feront foumis à la lenteur de nos formes judiciaires , ils renaîtront à l'envi les uns des autres , parce que les coupables trouvent le moyen de dénaturer leur faute , & d'en éluder la jufte peine , en s'enfonçant dans le dédale de la chicane.

Ceux qui ont préfidé à la légiflation de nos forêts , n'avoient aucune con-noiffance de la culture des bois. Nos Lois fe reffentent de ce défaut d'inftruc-tion. Peut-on en porter d'utiles & d'effi-caces à ce fujet , lorfqu'on ignore les moyens , même les plus fimples , de conferver les forêts , de les renouveler, & d'en augmenter le produit ?

Le même vice s'étend à ceux qui font chargés de furveiller l'exécution de ces Lois ; uniquement occupés d'étudier la forme de procéder, ils bornent leurs études à l'ordonnance ; & crainte de rendre un jugement nul, ils en prononcent vingt d'injuftes, ou peu raifonnables.

TELS font les moyens que l'étude & la connoiffance de nos Forges, me font regarder comme les plus praticables & les plus propres à porter notre méthode d'extraire le fer de fa Mine, à la perfection que je voudrois lui voir atteindre. J'ai fait tous mes efforts pour rendre mon travail utile. Ce motif feul a pu me faire vaincre les dégoûts & les difficultés inféparables de cette entreprife. Puiffe ma Patrie en retirer quelque fruit ! Je n'ai point d'autre défir. Si je me fuis trompé, c'eft de bonne foi ; mes intentions font pures & définté-

reſſées ; dumoins je n'aurai nui à perſonne , & ce ſera , tout au plus , un rêve
à ajouter à ceux du bon Abbé de
Saint-Pierre , & de tant d'autres gens
de bien.

N O T E S (*).

(*Page* 7.)

(A) **L**A conſtitution phyſique des Pyrénées differe abſolument de celle du reſte des grandes éminences du globe, obſervées par pluſieurs Savans Naturaliſtes. MM. PALLAS, FERBER & DE BORN, aſſurent que les grandes chaînes de montagnes ſont en général compoſées de granit, de ſchiſte & de pierre calcaire; & que tel eſt leur diſpoſition & leur arrangement, que le granit occupe toujours le centre de la chaîne, que le ſchiſte lui ſuccede & s'appuie contre lui, & qu'enfin vient le calcaire, qui eſt le plus extérieur.

Ce ſyſtême, car c'en eſt un, a été ſi univerſellement reçu par les Géologues, que je l'adoptai, ſans autre examen, comme une vérité phyſique. Les obſervations que j'avois déjà faites dans quelques parties des Pyrénées, me cauſoient bien quelques doutes; je rejetai l'erreur ſur moi-même, & je

---

(*) La longueur de ces notes, leur peu de liaiſon avec le ſujet que je traite, leur défaut d'utilité pour ceux que je cherche à inſtruire, m'ont engagé à les iſoler & à les renvoyer à la fin de l'Ouvrage. Il eût été plus ſimple de les ſupprimer. J'ai cru que ceux qui, en Minéralogie, préferent les faits aux ſyſtêmes, me ſauroient gré de leur avoir fait connoître quelques fragmens intéreſſans de coſmogonie.

cédai à l'autorité du plus grand nombre. Enfin,
après avoir parcouru les Pyrénées, & les avoir ob-
fervées pendant long-temps avec affiduité, je fuis
en état d'affurer qu'elles ne reffemblent en rien,
quant à leur conftitution générale, au refte des
grandes chaînes de montagnes, dont on nous a
donné la defcription. On doit auffi mettre au rang
des obfervations peu exactes, ce que quelques Savans,
d'ailleurs très-refpectables, ont avancé à cet égard
fur la foi d'autrui, touchant les Pyrénées. Voyez
FERBER, lett. fur l'Italie, trad. par M. le Baron
de DIETRICH, avec des notes, pag. 495. BORN,
Voyag. en Tranfylvanie, trad. par M. MONNET,
pag. 361.

D'abord le granit conftitue la moindre portion
des Pyrénées, tandis que le calcaire en fait la plus
grande. Mais pour ne nous occuper ici que du
granit, il n'eft pas rare de le voir former les baffes
montagnes extérieures, qui fuccedent immédiatement aux marino-calcaires, & qui font fuivies des
grandes & hautes montagnes de calcaire primitif;
on l'obferve ainfi en montant de Foix à Ax.

Le granit, qu'on regarde comme faifant le centre
des grandes chaînes, & qui, fi ce fyftême étoit
fondé en réalité, devroit fe trouver d'un bout de
la chaîne à l'autre, dans fa partie centrale & la plus
élevée; le granit, dis-je, eft exclu de plufieurs
grandes régions du centre des Pyrénées. C'eft ainfi
qu'à *Gavarnié*, au-deffus de Bareges, la plupart des
montagnes font calcaires, même celles qui, comme

le *Mont-Perdu*, & les *Tours de Marboré*, font un des points les plus élevés de la chaîne.

On a prétendu encore que le granit formoit le noyau de toutes les montagnes, & qu'il étoit la bafe fur laquelle prefque toutes les autres repofoient. On verra dans la note fuivante une preuve du contraire ; & entre plufieurs faits, qui prouvent, fans réplique, que le granit lui-même a fouvent pour bafe & pour noyau différentes efpeces de roche, je citerai feulement deux obfervations. En defcendant le *Tourmalet* pour aller à *Grippe*, on a, fur la gauche, le *Pic de midi*. On voit quelques montagnes de granit parmi celles qui font fuite à ce Pic. Ces montagnes repofent fur le fchifte argilleux. En montant de Vicdeffos au port *de Lhers*, qui fépare le Comté de Foix du Couferans, lorfqu'on quitte les montagnes calcaires, le granit leur fuccede brufquement. Des ravins ont fillonné profondement les flancs du granit, & mis à découvert l'intérieur de la montagne ; on voit à la *Cafcade de la Bergere Cox*, la ferpentine dure, mêlée de jade, qui fert de noyau au granit ; & plus loin, à la *Pique de la Tronque*, le granit a pour fondement cette même ferpentine ; vingt pas au-delà, en tirant vers *Bernadouze*, elle lui eft au contraire fuperpofée.

C'eft encore dans cet endroit que j'ai vifiblement reconnu que le granit, aux Pyrénées, eft très-fouvent ftratifié en bancs horizontaux, ou très-peu inclinés ; j'ai depuis apperçu cette difpofition réguliere du granit, peu après le village de *Gerdre*, au Pic de *las Cougous* ; elle eſt la même au Pic de *Neige-Vieille*, près de Bareges, &c.....

Le granit, aux Pyrénées, n'a pas cette continuité qu'on lui a trouvée dans les autres chaînes ; ce défaut lui eſt commun avec toutes les eſpeces de roches qui entrent dans la compoſition des Pyrénées ; j'entends par là que chaque roche a peu de durée, qu'elle eſt bruſquement interrompue par un autre qui la coupe & lui ſuccede. De là vient, pour le dire en paſſant, le peu de régularité des filons métalliques aux Pyrénées, & la cauſe principale du peu de ſuccès de leur exploitation. En général, il n'y a que des amas ou roignons, mais il y en a de très-riches.

Ces différentes roches, qui coupent ſouvent le granit, ſont quelquefois interpoſées parmi ſes bancs. A *Bernadouʒe*, dont j'ai déjà parlé, parmi les lits horizontaux de granit, on en voit de ſchiſte argilleux bleuâtre. A la *Pege*, près de Taraſcon, c'eſt un quartz farci de ſchorl noir cryſtalliſé : entre *Prayols* & *Garrabet*, ſur la route de Foix à Taraſcon, le granit eſt ſouvent interrompu par des veines épaiſſes & horizontales de quartz blanc, & par des bancs de différentes roches, dans leſquelles le quartz, le mica cryſtalliſé, le ſchorl noir amorphe, ou en cryſtaux, la ſléatite verte, la ſerpentine jaunâtre, ſont diverſement combinés, &c.....

Le granit porte ſouvent avec lui des témoins irrécuſables de la priorité de pluſieurs autres ſubſtances.

Les tourmalines du Comté de Foix, que j'ai fait connoître dans un Mémoire inféré dans le Journal de Phyfique, du mois de Juin 1785, fe trouvent par nids dans l'intérieur d'une montagne de granit, fouvent interrompu par des bancs de gneiff. Lorfque ces tourmalines fe rencontrent dans le quartz, qui fait la bafe de ce granit, elles y ont gravé en creux leur empreinte : elles étoient donc formées avant le quartz, puifqu'elles y font enchatonnées, & ce quartz a dû avoir, poftérieurement à la formation de ces tourmalines, le degré de molleffe néceffaire pour recevoir l'empreinte des tourmalines qui devoient être néceffairement plus dures que lui. Il en eft de même pour les fchorls, & pour les cryf-taux de feldt-fpath, qui font partie de divers granits. Lorfqu'on a obfervé, avec attention, le peu de fymétrie & d'arrangement des diverfes roches aux Pyrénées, leurs variations fi promptes & fi fouvent répétées, on ne peut s'empêcher de croire que la nature, dans la formation de cette chaîne, ne fe foit jouée de toutes les regles qu'on nous dit qu'elle a gardé ailleurs.

De là vient la grande difficulté de bien faire la minéralogie des Pyrénées. Cette entreprife ne pourra jamais être exécutée que par la réunion & le concours de plufieurs Obfervateurs inftruits, riches & affez zélés pour la Science, pour braver les fatigues, les dangers & tous les défagrémens qui accompagnent ce travail.

On me pardonnera de dire un mot en paffant fur

une efpece de montagnes, qu'on voit affez fréquemment aux Pyrénées; elles font compofées de
blocs énormes de granit commun. On y trouve,
quoique rarement, du porphyre & quelques roches
argilleufes, prefque jamais des pierres calcaires.
Tous ces blocs ont leurs angles fortement abattus
& arrondis; ils font enfevelis & contenus dans la
terre végétale. La furface de ces montagnes eft
prefque toujours gazonnée ou cultivée; elles s'étendent à plufieurs lieues, & fuivent les finuofités des
Vallées. Ces blocs ne font pas feulement à la furface de la terre, ils s'enfoncent quelquefois à une
grande profondeur. Ils font d'autant plus gros, qu'ils
font plus près du centre de la chaîne, & l'on en voit
d'énormes. Pour diftinguer quelque arrangement
dans ce cahos, il eft néceffaire d'obferver une coupure
fraîche de quelqu'une de ces montagnes. Alors, on
reconnoît que dans plufieurs endroits il n'y a que
de la terre; dans d'autres, il n'y a que des blocs
roulés; ceux-ci ne préfentent aucun veftige de
leur formation. Mais lorfqu'on diftingue des lits al-
ternatifs de différentes terres, ou bien de terres &
de blocs roulés, on eft fûr que ces lits font horizontaux; ils portent la marque de la fucceffion des
couches.

Ces montagnes font toujours appuyées contre
une autre chaîne de montagnes, foit de fchiftes
divers ou de pétrofilex, comme à Bareges; à
Pailhol, à l'extrêmité de la vallée de *Campan*, à
Oo en *Larbouft*, &c. foit contre le calçaire, le Gneiff,

& même le granit. On le voit ainſi en allant de
Foix en Couzerans par la vallée de Vicdeſſos. Ces
montagnes ont quelquefois une grande élévation,
comme à Bareges; ſes eaux minérales, ſi juſtement réputées, ſortent d'une montagne de cette
nature.

Je donne à ces montagnes le nom de montagnes
de *Tranſport*. Elles ſont bien différentes des talus
dont parle M. DE LUC. Ces éminences ſont viſiblement d'une formation poſtérieure à celles de
granit, puiſque celles-ci, malgré l'éloignement où
elles ſont quelquefois des autres, en ont fourni les
matériaux. Les montagnes argilleuſes & calcaires
les ont auſſi précédées, puiſqu'elles ont ſervi comme
de moule à la formation, & de barriere aux ravages
de ces montagnes *de Tranſport*. Elles ſont les témoins exiſtans d'une grande révolution, qui a
changé la face de la chaîne entiere; elles dépoſent
de pluſieurs faits importans qui nous font connoître
les changemens divers qu'ont éprouvé ces grandes
éminences. Il me paroît que la connoiſſance de ces
montagnes a échappé juſques ici aux obſervateurs,
ou que dumoins elles ont peu fixé leur attention.
J'en excepterai toutefois l'Auteur exaƈt & profond
de la Diſſertation ſur l'état aƈtuel de la dégradation
des Pyrénées; il a trop de ſagacité pour n'avoir
pas reconnu un monument auſſi impoſant & auſſi
inſtruƈtif. Voyez pages 11 & 12 de ſa Diſſertation.

(*Page* 7.)

(B) La plus grande partie des montagnes du

centre de la chaîne des Pyrénées, est calcaire, &
cette roche est sans contredit celle qui y est le plus
universellement répandue. On supposeroit vainement que le noyau de ces montagnes est d'une autre
nature. Le temps & les ravages non-interrompus
de la pluie, de la neige, de la gelée, du soleil, ainsi
que l'action soutenue des torrens, qui ont déchiré
leurs flancs de toutes parts, eussent mis ces noyaux
à découvert, comme ils l'ont fait sur les montagnes
de granit lui-même, qui oppose à ces agens une
résistance bien plus grande que la roche calcaire.
Entrons dans l'intérieur d'une des plus hautes montagnes calcaires, pénétrons dans cette vaste & ma-
jestueuse enceinte, que la nature semble avoir pris
plaisir à préparer elle-même pour y fixer sa de-
meure. C'est dans ce temple auguste qu'elle se ma-
nifeste aux mortels qui viennent lui rendre un culte
pur & sincere; qu'y verrons-nous ? Le calcaire
massif, tel au-dedans de la montagne qu'il est au-
dehors, & le même dans toute son étendue; &
parmi ces tas immenses de ruines & de débris, qui
semblent défendre aux profanes l'entrée de ce lieu
sacré, pas le moindre vestige de granit, tout est
calcaire. Telle est la superbe *Houle* (marmite) de
Marboré, montagne pittoresque, qui présente à
l'Observateur le plus froid, le plus grand & le plus
magnifique spectacle.

Le calcaire forme seul des montagnes entieres,
& même des plus élevées. Les environs de *Gavarnié*, le *Glacier de Rolland*, la *Houle de Marboré*,
tout

tout cela eft calcaire. Le *Mont-Perdu*, dont les ruines formeroient une montagne auffi vafte qu'il peut l'être lui-même ; ce mont, dont le fommet chénu forme à gauche la plus haute des *Tours de Marboré*; ce mont inconnu aux Savans, dont l'élévation, au-deffus du niveau de la mer, excede dix-neuf cents toifes ; ce mont, dis-je, eft abfolument calcaire. Ses bancs s'inclinent vers le fud, & font un angle d'environ quarante-cinq degrès ; leur efcarpement, du côté du nord, s'éleve à Pic comme une muraille inacceffible ; il termine la vallée d'*Eftaubé*.

On retrouve le calcaire, fur les cimes les plus élevées des montagnes de granit & de fchifte granitoïde. La plupart des Pics portent fur leur tête une couronne calcaire. A dix pas du fommet du *Pic de midi* de Bareges, on rencontre une petite aiguille calcaire ifolée, en forme d'obélifque.

Souvent auffi le calcaire eft fuperpofé au granit & aux autres roches, & il les recouvre prefque en entier. On l'obferve ainfi depuis le pont de *Siguer* jufques à la plaine de *Cancenés*, dans la vallée de Vicdeffos.

Les bancs calcaires font entremêlés de toute maniere aux fchiftes argilleux & granitoïdes ; je veux dire par là, non-feulement que le calcaire eft un des ingrédiens du plus grand nombre de ces roches, ce qui eft très-vrai ; mais que formant à lui feul des bancs diftincts & tranchés, il entre ainfi dans la compofition de ces montagnes fchifteufes, quelle

Z

que foit leur difpofition ; & les exemples en font
fi fréquens , qu'il eft inutile de les citer.

Mais, non-feulement il eft entremêlé aux fchiftes de toute efpece , il l'eft encore aux fchorls en
maffe, au trapp, aux ftéatites dures & maffives ,
au granit lui-même ; on peut répéter vingt fois
cette obfervation, en remontant la vallée d'*Auffoue*,
terminée par le majeftueux glacier de *Vignemale*.

Il ne feroit pas furprenant après cela que le calcaire fervît de fondement & de bafe aux montagnes
de granit, ainfi que quelques favans Obfervateurs
m'ont affuré l'avoir vérifié, les uns aux Pyrénées,
les autres en Sicile & ailleurs : je ne fuis point
éloigné de le croire ; mais je ne l'ai pas vu. Quant
aux fchiftes argilleux & micacés, je puis l'affurer.
Je les ai reconnus, portés vifiblement fur le calcaire,
foit en montant au *Port de Bouchero*, foit entre
Gerdre & *Pragneres*, &c. &c.

Cette roche calcaire eft toujours exempte de débris de corps marins pétrifiés ; fa texture eft ferrée,
& fouvent faline ; elle eft folide, mais plus ordinairement feuillettée. Ses bancs font rarement horizontaux ; leur inclinaifon & leur direction varient à
chaque pas, & offrent les plus grands caprices. Du
refte, elle n'eft prefque jamais pure ; elle eft com-
binée avec le quartz, le mica, la ftéatite, même
avec l'amiante, les grenats, les fchorls de toute
efpece, & même avec le feldt fpath, dont toutes les
formes, les variétés, & même la nature, nous font
encore trop peu connues, pour que l'on ne l'ait

pas confondu avec cette foule de cryſtaux , qu'on a nommé très-improprement ſchorl blanc rhomboïdal.

Ceux donc qui , peu contens de l'étude froide & trompeuſe des échantillons & des cabinets , auront contemplé les merveilles de la nature , & étudié ſes opérations dans ſes vaſtes laboratoires ; ceux-là , dis-je , ſe feront bientôt convaincus de l'importance de l'examen des circonſtances locales , pour parvenir à la véritable connoiſſance d'un grand nombre de ſubſtances. Si ces Savans parcourent jamais les Pyrénées , ils auront bientôt la certitude qu'il exiſte un calcaire primitif, dont la formation a précédé toute cauſe connue , & qui ne peut être raiſonnablement attribuée aux animaux marins. L'époque de la formation de ce calcaire eſt poſtérieure , dans certains cas , au granit ; dans d'autres , elle l'a viſiblement précédé.

Il eſt donc néceſſaire de diſtinguer les montagnes calcaires en calcaires primitives , & en marino-calcaires ; je nomme ainſi celles qui doivent évidemment leur origine aux eaux de la mer. Elles ſont toujours placées en dehors de la grande chaîne , & elles en ſont comme les premiers échellons. Leurs couches ſont horizontales , parce qu'elles ſont le produit d'un dépôt ſucceſſif & tranquille. La pierre renferme des débris d'animaux marins ; on y en trouve même des bancs entiers , qui conſervent encore la poſition qu'ils avoient ſous les eaux. Le tiſſu de cette pierre eſt lâche & poreux , jamais falin, & toujours exempt du mêlange des diverfes matieres vitrefcibles.

(*Pag.* 218.)

(C) La décompofition fpontanée de la Mine de fer blanche, expofée à l'air libre, offre des faits curieux & inftruétifs. L'analogie qui fe trouve entre le *Phlintz* mûr, & la Mine fpathique noire, doit nous faire préfumer que la nature emploie dans le fein de la terre pour décompofer cette Mine, à peu-près les mêmes moyens qu'elle met en ufage, lorfqu'on l'expofe en tas à l'air libre, pour la contraindre de hâter cette efflorefcence. On ne fera pas fâché d'entendre un témoin oculaire, bon Obfervateur, raconter lui-même les faits dont il a été fi fouvent le témoin; la plupart d'ailleurs ont le mérite de la nouveauté (*).

« La Mine de fer blanche, que nous appelons
» *Phlintz*, eft fujette à être attaquée par un principe
» qui la décompofe, & qui après l'avoir faite paffer
» par différens degrés d'efflorefcence, parvient à
» la réfoudre en ochre de fer. Les Minéralogiftes
» ne font peut-être pas d'accord fur la nature de ce
» principe. Mais comme il agit également fous
» leurs yeux & dans le fein de la terre, ils ne fau-
» roient douter de fes effets. M. JARS en a été
» témoin à *Aifenars* en Styrie, où l'on laiffe le
» *Phlintz* le plus dur, expofé à l'air un grand nom-

(*) Lettre, déjà citée, de M. le Baron Sigifmond de Zoïs.

» bre d'années, pour profiter de la décompofition
» qui ne manque pas d'en réfulter. Le P. Poda at-
» tribue cette décompofition à un acide, qu'il ap-
» pelle *acidum primogeneum*, *feu univerfale*. Nos
» Mineurs fe bornent à dire que le *Phlintz mûrit*.
» Nous ne connoiffons que très-imparfaitement les
» différens degrés de la décompofition des Mines
» de fer fpathiques. Les noms de Mines *brunes*,
» *bleues*, *noires*, *fines*, *mûriffantes*, *trop mûries*,
» *anéanties*, &c. que nos Mineurs ont inventés,
» n'ont pas répandu beaucoup de lumieres fur ce
» fujet, très-obfcur par lui-même. »

» Ayant fouvent l'occafion de voir & d'employer
» des quantités confidérables de différentes variétés
» du Minérai fpathique, j'ai toujours été très-attentif
» à étudier les phénomenes de fa décompofition.
» Je hafarde donc de dire, qu'il m'a paru d'en voir
» un dans l'apparition de la manganefe fur le
» *Phlintz*.

» Tant que le *Phlintz* eft dans fon état primitif,
» je ne rencontre jamais des efflorefcences de man-
» ganefe, vifiblement adhérentes au Minérai. Lorf-
» que le *Phlintz* a commencé de *mûrir*, la man-
» ganefe commence auffi à paroître; ce font d'abord
» des couches très-minces (*Guhren*) qui s'étendent
» fur la furface. Elles fe multiplient fucceffivement
» dans les fentes du Minérai, à mefure que l'acide
» le noircit, & lui ôte de fa dureté & de fon poids. Il
» me paroît enfin qu'il y a d'autant plus de man-
» ganefe à voir, que le *Phlintz* s'approche davan-

» tage de ce degré de décomposition, dans lequel
» l'ochre martiale commence à se développer. Dès-
» lors la chaux de manganese aime à se loger dans
» les cavités du Minérai décomposé ; elle s'y réunit
» en masses amorphes, & y figure quelquefois sous
» forme crystalline.

» Le P. Poda croit que c'est aux parties de calcaire,
» dégagées de leur mélange intime, avec les autres
» parties constituantes du *Phlintz*, qu'on est re-
» devable de ces belles stalactites coralliformes
» (*vulgò flos ferri*), qui sont si fréquentes dans les
» dépôts souterrains des Mines noires & ochracées
» en Styrie & en Carinthie, & qu'on ne rencontre
» au contraire jamais, dans les Mines de *Phlintz*
» dur, des mêmes fouilles.

» Ne seroit-il donc pas permis de croire que le
» *Phlintz* perd son contenu de manganese dans sa
» décomposition, tout comme il y perd de ses parties
» de calcaire & d'autres, & que c'est par un effet
» du développement & de la séparation de ses par-
» ties constituantes, qu'on voit paroître ces *Gurhs*,
» ces efflorescences, ces druses de manganese, qu'on
» rencontre si souvent dans le *Phlintz* décomposé,
» pendant qu'elles ne se montrent presque jamais
» sur celui qui paroît être dans son état primitif ».

En résumant les faits que nous venons de rapporter, & en les comparant avec ceux que les expériences que j'ai tentées sur les Mines spathiques,
brunes & noirâtres, m'ont présenté, on peut en
déduire plusieurs conséquences qui me paroissent

devoir offrir quelque intérêt aux Minéralogiftes.

Le *Phlintz*, expofé à l'air libre, paffe par divers degrés de décompofition. Il en eft de même dans les entrailles de la terre pour la Mine blanche. Avec un peu d'attention, on peut y obferver prefque toutes fes dégradations ; on la voit d'abord fe ternir, fe gércer : bientôt elle noircit ; fon tiffu change ; la manganefe fe rend vifible ; on n'y diftingue plus que difficilement quelques particules rhomboïdales ; enfin, ce n'eft plus qu'une Mine terreufe, légere, friable, & le fer y eft vifiblement en état·de chaux.

Ces nuances très-marquées s'operent dans le cœur du Minérai, tout comme à fa furface ; j'ai caffé une grande quantité de ces Mines, & je me fuis bien affuré de ce fait. Il eft le même fur le *Phlintz* ; & lorfqu'il eft bien mûr, il eft auffi noir en dedans qu'en dehors. Bergman n'en avoit donc pas vu dans tous les états (*) ?

La pefanteur & la dureté de cette Mine, ainfi que celle du *Phlintz*, varient fuivant fon degré d'altération ; toujours eft-il vrai que l'un & l'autre vont en décroiffant. Cette grande diminution dans le poids & la dureté, montrent que cette Mine, lache dans fa décompofition, une ou plufieurs de fes parties conftituantes ; & l'expérience vient à l'appui de l'obfervation. Dans plufieurs de ces Mines brunes, que j'ai effayées, j'y ai encore trouvé la pierre calcaire ; elle a abfolument manqué dans d'autres ; &

_____

(*) Loc. cit. p. 193.

il y en a d'autant moins, que la décompofition eft plus avancée. Il en eft de même pour la manganefe; elles en confervent, la plupart du temps, une petite dofe, même dans leur extrême altération; j'ai cependant eſſayé de celles qui s'égrenent entre les doigts, & je n'ai pas ſu y en trouver.

Ces différens degrés d'altération doivent néceſſairement cauſer des variations dans les réſultats de l'analyſe de ces Mines, puiſque tantôt c'eſt la pierre calcaire qui manque à l'une, tantôt c'eſt la manganeſe qui manque à l'autre, & que leur dofe varie fi fort dans ces Mines, fuivant leur degré d'effloreſcence.

L'acide méphitique lui-même fe trouve dans ces Mines effleuries, dans des combinaiſons différentes; fouvent il eſt uni à la pierre calcaire; fi elle manque, il s'y trouve combiné avec le fer ou la manganeſe. Enfin, il diſparoît en entier de cet aggrégé; & c'eſt lorſque ces Mines font parvenues à un point de décompofition totale, je veux dire lorſqu'elles ont perdu la plupart de leurs parties conſtituantes, & qu'elles ont abfolument changé de nature.

M. Reboul, qui s'eſt occupé, à ma follicitation, de quelques travaux fur ces Mines, a remarqué que l'acide méphitique y eſt mêlé d'un autre fluide aériforme, non abforbable par la chaux; il le regarde comme de l'air vital, dont le célebre Bergman n'a pas reconnu la préfence dans cette Mine. Quelques autres phénomenes, qu'il a apperçu dans fes expériences, l'ont engagé à pourfuivre fon travail fur ces Mines & fur la manganefe.

La formation de cette ftalactite brillante, qui a lieu en Styrie, ainfi qu'aux Pyrénées, dans les Mines de fer fpathique noire, & qu'on ne trouve jamais avec les Mines blanches, fortifiée par ce que l'analyfe de ces Mines nous a montré, prouve, d'une maniere incontestable, que dans leur décompofition, même naturelle, ces Mines perdent la terre calcaire de leur aggrégé. Nous devons porter le même jugement de la manganefe, que nous voyons fur le *Phlintz*, tout comme fur la Mine brune, paroître infenfiblement, fe coaguler, fe réunir & fe loger dans fes cavités.

On peut donc dire que plus les Mines blanches font décompofées, foit à l'air libre, foit dans le fein de la terre, moins elles contiennent de terre calcaire, de manganefe & d'acide méphitique; qu'alors elles font fi peu femblables à elles-mêmes, qu'on n'y retrouve prefque pas de veftiges de leurs principes, & qu'elles ne méritent plus de porter leur nom.

(*Page* 230.)

(D) Tous les Cofmographes répetent à l'envi que le *Canigou* eft le point le plus élevé des Pyrénées. Tout récemment, M. KIRWAN, dans fes Elémens de Minéralogie, Trad. Franç., pag. 392, dit que *le Pic de Midi eft moins haut que le Canigou*. Plufieurs Savans, à qui j'ai communiqué les mefures de quelques-uns de nos Pics, fe font récriés fur leur hauteur, dont ils regardoient tous le *Canigou* comme le *maximum*.

Cette erreur provient de ce qu'on a mal pris le récit des opérations des Académiciens de Paris, qui, au commencement de ce fiecle, tracerent la Méridienne. Le *Canigou* fe trouva, il eft vrai, la plus haute des montagnes, que Caffini & Maraldi avoient mefuré (*). Ils déterminerent fon éléva-tion à quatorze cents quarante toifes ; mais ces Savans n'ont pas dit, & ils n'ont pu le dire, parce qu'ils avoient mefuré un trop petit nombre de Pics, que ce fût là le terme le plus fort de l'élévation totale de la chaîne des Pyrénées. Il me feroit facile de citer un grand nombre de montagnes, qui ont toutes une élévation plus confidérable. Il fuffira de parler de celles qu'on a mefuré avec quelque attention.

On s'eft peu occupé, dans les fiecles paffés, de la mefure des montagnes. Après les Académiciens de Paris, le *Canigou* fut mefuré de nouveau par M. de Plantade, martyr de la fcience, & dont j'ai eu bien du regret de ne pas trouver la tombe fur le fommet du *Pic de Midi*, qu'il avoit confacré par fa mort. M. de Plantade ayant comparé fes obfervations barométriques du *Canigou*, à celles de Scheuchzer fur *le St. Gothard*, démontra que ce dernier étoit moins élevé, & il en déduifit cette conféquence très-erronée que les Pyrénées fur-

---

(*) Mém. de l'Acad. des Scienc. de Paris, ann. 1703, pag. 236.

paſſoient les Alpes en hauteur. Depuis ce temps, on n'a plus rien tenté pour déterminer l'élévation des Pyrénées.

Les méthodes pour meſurer ces hauteurs ayant acquis de nos jours une plus grande rigueur, par la perfeÉtion que leur ont donné MM. Deluc & Schuckburg, on a repris ce travail ; & quoique on ait peu meſuré encore ſur les Pyrénées, nous avons cependant des faits aſſez certains, pour démontrer l'erreur de ceux qui penſeroient, que le *Canigou* eſt le point le plus élevé de la chaîne.

Feu M. Garipuy le fils, Dire<0xEA>teur des Travaux de la Province de Languedoc, mon Confrere à l'Académie, avoit meſuré pluſieurs fois, par le Barometre, ſuivant la méthode de M. de Luc, la hauteur du *Pic de Midi* de Bareges ; il l'avoit trouvée de quinze cents ſoixante - dix - neuf toiſes, c'eſt-à-dire, égale à celle que le profond Obſervateur des Alpes, M. de Sauſſure, a aſſigné au *Buet*.

En calculant, d'après la regle de M. de Luc, les obſervations du Barometre, faites ſur le même Pic, & rapportées par M. Darcet, à la ſuite de ſa Diſſertation déjà citée, on a la hauteur de ce Pic au-deſſus de Bareges ; elle eſt de huit cents quarante-trois toiſes. Bareges eſt plus haut que Touloufe de ſix cents trente-ſept toiſes ; Toulouſe a ſoixante-quinze toiſes au-deſſus du niveau de la Mer. Le Pic de Midi, d'après ces obſervations, a donc quinze cents cinquante-cinq toiſes. A la vérité, il manque aux obfervations de M. Darcet, les correſtions par les deux Thermometres.

M. Vidal, Aſtronome de Touloufe, a auſſi me-furé, par le Barometre, les différens points d'élé-vation, depuis Touloufe jufques à la cîme du *Pic de Midi*; fon réfultat excede de bien peu la hauteur donnée par M. Garipuy.

Quelques perfonnes fe font fervies de la Trigono-métrie, pour mefurer diverfes élévations des Pyré-nées. M. Flamichon, Ingénieur du Roi à Pau, & M. de La Roche, ont déterminé les angles de quelques fommets ; mais ils n'ont pas donné l'élé-vation au-deſſus du niveau de la Mer, de la bafe qu'ils ont employée.

L'Auteur d'un Eſſai de Minéralogie des Pyrénées, place le plus haut point de la chaine dans les vallées d'*Aran* & de *Luchon*. Il en eſt à-peu-près de cette aſſertion, comme de celle qui a fait long-temps regarder le Saint-Gothard, comme le point le plus élevé de l'Europe. J'ai fouvent parcouru ces Vallées, j'ai gravi fur plufieurs de leurs montagnes, même des plus élevées, & je puis aſſurer que cet Auteur s'eſt trompé. Le plus haut fommet de cette partie des Pyrénées eſt la montagne de *Maladette*, non loin de *Venafque*, toujours couverte de neige & de glace fur une grande étendue. J'ai appris, par des obfervations géodéfiques, faites avec grand foin à Bonrepos, près Touloufe, par M. Vidal que j'ai déjà cité, que *Maladette* ne furpaſſe pas de beaucoup, en hauteur, le *Pic de Midi* de Bareges. La Vallée

d'*Aran*, il eft vrai, eft la plus profonde des Pyrénées ; celle d'où fort le plus grand fleuve qui prenne
fa fource dans cette chaîne ; celle de laquelle il fort
du même point deux Rivieres, la Garonne & la
Cinca, qui coulent & vont fe rendre dans deux
Mers oppofées. Malgré cela, il s'en faut bien que
la Vallée d'*Aran*, encore moins celle de *Luchon*,
aient une hauteur égale à celle du fol fur lequel eft
fitué Bareges, que j'ai dit être de fept cents douze
toifes.

C'eft donc aux environs de Bareges qu'il faut
chercher les fommets les plus élevés ; car, comme
on va le voir, le *Pic de Midi* lui-même n'eft pas,
ainfi qu'on le croit vulgairement, le plus haut point
de la chaîne, même dans cette partie.

Au mois de Juillet dernier, M. Reboul jeune &
favant Chymifte, le même dont j'ai parlé, a mefuré
plufieurs de ces Pics, par des moyens trigonométri-
ques ; il a fait fes opérations fur le *Pic de Midi*, & à
Sarniguet, dans la plaine de Tarbe ; il n'a tenu compte
de la hauteur de ce Pic que pour quinze cents huit
toifes. Je laiffe à M. Reboul le foin de faire connoître
le détail de fes travaux, & de décrire l'inftrument
ingénieux dont il s'eft fervi. C'eft affez, pour remplir
mon objet, que je donne quelques-uns de fes réfultats. Il a donc trouvé que le Pic granitique de
de *Neige-Vieille* avoit feize cents trente-cinq toifes. La *Breche de Rolland*, quinze cents dix-huit.
La *Tour de Marboré*, la plus baffe, dix-fept cents
feize. Le beau glacier de *Vignemale*, dix-fept cents

quatre-vingt-dix. Je crois le *Mont-Perdu*, cette énorme montagne calcaire, plus élevé d'environ cent toises, que *Vignemale* lui-même. M. Reboul, qui l'a observé de plus près que moi, & qui en a gravi une grande partie, pense que son sommet excede de quatre cents toises au moins celui du *Pic de Midi*. Lorsqu'il étoit sur ce Pic, les nuages qui lui déroberent constamment le *Mont-Perdu*, l'empêcherent d'en prendre la hauteur avec précision.

Voilà donc dans les Pyrénées, & non loin de Bareges, des Pics de plus de dix-neuf cents toises d'élévation. Le *Canigou*, qui n'en a que quatorze cents quarante, reste, comme l'on voit, bien au-dessous. Et cependant, tout n'est pas mesuré dans ces montagnes, à beaucoup près; on pourra y trouver de plus grandes hauteurs; j'ai tout lieu de croire que le *Pic de Midi d'Ossau*, par exemple, est encore plus élevé.

VOCABULAIRE
DES OUVRIERS
DES FORGES DU COMTÉ DE FOIX.

ABRASA. On dit *abrafa le foc*; ce qui fignifie allumer le charbon avant de charger le fourneau.

AGAFFAT. Pris, aglutiné. *La Mene es agaffade coume un cung de lard.* La Mine eft aglutinée comme une flêche de lard.

AGROU. Forte écaille de laitier mêlé de fer, qui fe forme quelquefois au fond du creufet, qui en recouvre la pierre, & qui s'y attache.

AIGUE. Eau.

ALES. Ailes. Se dit du maffé. Un maffé a des ailes lorfqu'il eft mal fondu; lorfque fes bords fupérieurs s'étendent d'une maniere irréguliere, audelà du corps de la loupe.

ALETS. Ce font les aubes de la roue.

ALTERAT. Se dit du feu. *Le foc va alterat*; ce qui fignifie qu'il paroît trop ardent, qu'il hâte trop le fondage. Voyez *Ana.*

ALUCA. Allumer. On a allumé à minuit; la Forge a repris fon travail à minuit.

AMBRÉ. L'amble. *Ana l'ambré*, aller l'amble. Voyez *Ana.*

ANA. Aller. *Ana l'ambré.* Se dit du feu, lorfqu'il a trop de vivacité, & que la flamme s'éleve plus qu'à l'ordinaire; c'eft à-peu-près la même chofe que *ana alterat.*

Ana de compté. Se dit du marteau, lorfqu'il frappe à trois temps égaux; ce qui vient de la jufte départition des cames en trois diftances égales.

Ana fégu. Se dit du feu qui ne paroît pas affez ardent, & dont la flamme eft concentrée.

ANELS. Anneaux. Clés, ou clames, pour ferrer les différentes tenailles; il y en a de plufieurs formes & de plufieurs grandeurs.

ANIS. Toute efpece de Mine pauvre, ou réputée de mauvaife qualité.

ANISIÉ. Menus charbons, & autres matieres qu'on ôte du feu avant d'enlever le maffé, & qu'on y remet avant de recharger le creufet.

ARBRES. Signifie les corps des trompes. Pl. IV. H.

ARRINCA. Arracher, le maffé, la pierre, les coins, &c.

ASSEGURA. Affurér. S'entend du maffé. Affurer un maffé, c'eft le travailler avec plus de temps & de précautions.

AVANCAIROL. C'eft le nom qu'on donne au dernier maffé que l'on fait, lorfque la Forge va chommer. Quand on recommence le travail, on chauffe *l'avancairol* durant le premier fondage.

AZE. Ane, Baudet. Longue lame de fer, terminée par un bout en forme de coin. On la chauffe & on l'introduit dans les *trompils*, pour rompre

&

& fondre la glace qui les obftrue quelquefois en hiver.

BADOURES. Sorte de tenailles möyennes.

BAISADE. Piece de fer qui fert à réparer l'aire de la panne du marteau, lorfqu'elle eft endommagée.

BALEJA. Balayer. Ce mot exprime l'action d'abattre avec un ringard, les *crêtes* (afpérités) de la furface du maffé, & de ramaffer vers la tuyere les parties du Minérai, éparfes dans le creufet.

BALEJADE. C'eft le temps qui s'écoule vers la fin du maffé, depuis que l'on a fini d'étirer le fer, jufques à ce que l'on arrête le vent.

BANQUADES. Chevalets qui foutiennent le courfier de la roue à aubes.

BANQUETTE. Siege de bois à côté du gros marteau, fur lequel les Forgeurs s'affeyent, lorfqu'ils ne travaillent pas le fer debout.

BANQUETTES. Bandes de fer qu'on place derriere la *plie*, pour foutenir une portion de la charge du fourneau du côté du chio, & pour faciliter le chauffage. Pl. III. G.

BARLAQUEJA. Se dit des pivots de la *bogue* ou huraffe, lorfqu'ils frappent tantôt haut, tantôt bas, & rendent un fon défagréable : c'eft qu'ils ne font pas bien ajuftés dans leurs boîtes ou *oubliets*. On guérit ce défaut en faifant *poupa*, tetter, la *bogue* ou huraffe. Voyez *Poupa*.

BASCOU. Efpece de fourgon.

BATTANT. On entend par ce mot, la diftance du *foufflart* au creufet. Quelques-uns entendent

A a

par *battant*, la distance du *soufflart* au contrevent.

On dit aussi *battant du mail*; il seroit mieux de dire du manche; c'est la distance du *cadaibre*, ou arbre de la roue, au milieu de l'enclume, ou milieu du *couillou*.

BECASSE. Est la même chose que *raspe*. Voyez ce mot.

BEDEL. Terme plus usité parmi les Mineurs; toute matiere hétérogene qui sert de noyau aux grands blocs d'hématite.

BEIRE. Cercle de fer à genouillere, au moyen duquel on contient, à l'extrêmité du manche du marteau, le *tacoul*, ou brée, dans sa *caiche* ou caisse. Voyez *Tacoul*.

BERGUE-OUTRIERE. Nom que l'on donne dans le commerce à une sorte de bande de fer.

BEZAL. Canal qui conduit l'eau à la Forge.

BIRA. Retourner. *Bira le massé su las palenques.* Retourner le massé sur les ringards.

BOGUE. C'est la hurasse. Gros anneau de fer qui ceint le manche du gros marteau, & porte avec lui ses deux pivots. Pl. 1, *Fig.* 4, 15.

BOUIDA. Vuider. Lorsque le laitier coule abondamment, on dit *le foc se bouide pla*; le feu se vuide bien.

BOUQUES. Bouches. On nomme ainsi la panne du marteau.

BOURDOUS. Pieces de fer pour réparer le marteau.

BOURREC. Tuyau quadrangulaire de bois, qui

s'adapte au *soufflart*, & qui reçoit son canon ou
buse de la trompe. Pl. 11, *Fig.* 1. L.

BOURRES. Ce sont des parties de fer poreuses qui,
n'ayant pas éprouvé une fusion entiere, adherent
mal au massé, coulent avec le laitier, ou se détachent sous le marteau.

On donne encore ce nom aux morceaux de fer
qui se détachent des bouts des *massouquettes*,
lorsqu'on les travaille sous le marteau. Ces bourres
donnent le plus souvent du bon acier.

BOUSTIS. Bouchon. Petit peloton de foin ou de
paille mouillée qu'on met au bout du *filladou*,
& qu'on enfonce dans la tuyere pour intercepter
le vent, lorsque l'on veut arrêter l'eau des trompes. Sans cette précaution, la tuyere *fourupe*,
pompe du fer. Voyez *Fourrupa*.

Ce fer, que la tuyere aspire lorsqu'on arrête
l'eau avant d'avoir mis le *bouftis*, remplit quelquefois en entier l'œil de la tuyere, par une
couche plus ou moins mince. Ce fait, qu'on peut
produire à tout moment, est une nouvelle preuve
de la fusion parfaite d'une partie de la Mine.

BOUTAS. Réservoir pratiqué, en tête du courfier
de la roue.

BOUTGET. Canal de fuite, fousbisf de la trompe,
de la roue, &c.

BRAS de la roue ; les deux traverfes recroifées qui
la foutiennent.

BRASQUE. Menu charbon ; charbon en pouffiere.

BRESSES. Longues corbeilles dans lefquelles on
emballe le fer fort caffé.

BRIDES. Bandes de fer pour affujettir les *lames* de la *bogue* & du *mail*, lorfqu'on les fait à neuf. Voyez *Lame*.

BUSE. La partie du marteau qui eft entre fon œil & la panne, ou la panne elle-même.

CABAILLÉ. Cavalier. On dit qu'un manche de mail eft cavalier, lorfque les cames le dominent trop. C'eft l'oppofé de *contrepied*. Voyez ce mot.

CABEIL. Tête. *Cabeil del mail*. La tête du marteau.

CABESSADE. La premiere barre de chaque *maffou-quette*, ou petite maffelotte.

CABILLE. Cheville. Clé de fer qui traverfe le tenon du manche & affujettit le marteau en paffant devant lui.

CADAIBRE. L'arbre de la roue du marteau. Pl. 1, *Fig. 4, 7.*

CADENE. Chaîne. Elle fait l'office de bielle pour lever les bafcules des trompes.

CADENAT. Crochet de fer, qui rattache la *tire* ou bielle, à la *pourtanelle* ou empellement de la huche de la roue à aubes.

CAGUA. Chier. Les Ouvriers difent, le *foc cague*, lorfque le laitier coule. *Le foc à caguat fer*, pour exprimer qu'il a coulé du fer fondu. De là le nom de *chio*.

CAICHE. Caiffe. S'applique plus fpécialement à l'entaille pratiquée à l'extrêmité du manche du marteau, pour y loger le *tacoul* ou brée.

CAMPANE. Cloche. Le pavillon, le grand orifice de la tuyere.

CANALETTES. Chanlattes , qui verfent conti-
nuellement de l'eau pour rafraîchir & alaifer les
tourillons de l'arbre de la roue , & les pivots de
la huraffe. Il y en a une grande ; elle n'arrofe que
le tourillon porté fur le *caxadou* ; celui de la roue
eft rafraîchi par l'eau qui tombe du *ceutre* ou huche.
A peu-près , vers le milieu de cette chanlatte , on
en rattache une plus petite qui-fe termine en fourche ou Y , & qui porte l'eau fur les deux pivots
de la huraffe.

CANALAT. Petit canal. Bief qui conduit l'eau au
baffin des trompes. Pl. iv. R. S.

CANAULE. Lame de fer avec deux oreilles , dans
laquelle eft pratiquée une entaille demi-circulaire.
On place cette piece en guife d'empoiffe fous les
tourillons de l'arbre de la roue lorfqu'ils font
neufs ; on entretient du fable entre la *canaule* &
les tourillons ; le frottement ufe leurs angles &
les arrondit.

CANDELLES. Pieds droits des chevalets qui fupportent le courfier de la roue.

CANOU DEL BOURREC. C'eft la bufe de la
trompe. Pl. ii. *Fig.* i. M.

CARBOU. Le charbon.

CARRAILS. Scories. Laitier.

CARRAILLADE. La quantité de laitier qui coule
à chaque percée.

CARRÉ. Long , court, plat, carré-carré. Noms de
différentes barres de fer , fuivant l'échantillon dont
on les fait.

CAUDE. Chaude. Donner une chaude. Une chaude suante.

CAUFFA. Chauffer.

CAVE. (la) C'est le côté de rustine du creuset. Pl. III. A.

CAXADOU. (le) Partie considérable de l'ordon du marteau, qui porte le tourillon de l'arbre, du côté opposé à la roue. Entre les *soucs*, appelés le *Prince* & le *Rey*, on place un fort chevalet (*le durment*), dans lequel on fait une entaille pour loger l'empoisse (*la rainete*). Sa contre-partie (*le rainetou*) est fichée dans une jumelle ; le tout est fortement assujetti par une traversine (*la couverte*), contenue par des coins, &c. C'est cet ensemble qu'on nomme le *Caxadou*.

CEDAT. Fer cedat. Nom de l'acier naturel.

CEDES. Fractures transversales qui se font aux bandes de fer étiré, pendant ou après la trempe. Elles sont un indice du fer cedat.

CEUTRE. Sorte de huche ou coffre de bois qui sert d'allongement au coursier de la roue, & qui dirige la chûte de l'eau sur les aubes.

CHAPARELLE. (la) Large plaque de fer, arrondie, avec deux oreilles pour la contenir. On en recouvre la *chappe* durant l'étirage ; on l'ôte pour cingler le massé. Cette plaque diminue l'élévation du marteau, & l'empêche de *ressauter*. Voyez ce mot.

CHAPPE. (la) Pierre qu'on enfonce dans la terre sous l'extrêmité du manche du marteau ; sa surface est plate & inclinée ; le manche, rabaissé par les cames, va frapper contre cette pierre, qui fait l'office d'un ressort.

CHAPON. Lame de fer ou ardoise, qui sert de cale pour hausser la tuyere.

CHAUMA. Chommer.

CIZEL. Cizeau pour recouper la tuyere.

CLAUS. Clés. Coins. On appelle ainsi les divers coins de bois dont on se sert pour fixer plusieurs pieces de l'équipage de la roue & du marteau. Lorsqu'on place la pierre du fond du creuset, on l'assujettit avec des éclats de pierre en forme de coins; on les nomme aussi *claus*. On nomme encore ainsi les clés ou clames dont on se sert pour serrer les tenailles.

COIRE. Cuire. COIT, COITE. Cuit, cuite.

COMPTÉ. *Ana de compté*. Se dit du marteau qui frappe en trois temps égaux. Voyez *Ana*.

CONTREPIED. Se dit du manche du marteau. C'est l'opposé de *cabaillé*. Voyez ce mot. Un manche va à *contrepied*, lorsque l'arbre de la roue est trop bas, & que les cames semblent plutôt le pousser en avant que le relever. Le *cabaillé* & le *contrepied* sont deux défauts notables.

CONTREVENTS. On appelle ainsi deux planches, placées entre les deux corps des trompes, au-dedans de la caisse à vent. Elles font, à leur jonction, un angle aigu & saillant. Leur usage est d'écarter les eaux qui tombent de chaque corps de trompe. Il n'y en a pas dans toutes les Forges.

CORPS. On dit de la tuyere, l'abaisser *en corps*, la

relever en corps, pour exprimer qu'on la hauffe, ou qu'on l'abaiffe également dans toute fa longueur.

CORS. Cœurs. Ce font les pattes qui bouchent le *coin* ou l'étranguillon des corps de la trompe.

COURBETTES. Sorte de tenailles.

COURDUDES. Mines cordées. Ce font celles qui font difféminées dans un jafpe groffier.

COUILLOU. Gros tenon de l'enclume qui l'affujettit dans la chambre, pratiquée dans la *deme*.

COUPE. (la) Ecuelle à mouiller, dont on fe fert pour jeter de l'eau fur le feu & fur le marteau.

COURREGE. Courroie. Large courroie de cuir, dont le *Maillé* fe fangle pour cingler le maffé.

COUSTURE. Couture. C'eft cette partie de la tuyere, où un de fes bords fe réplie fur l'autre. On dit, par exemple, la tuyere s'eft brûlée, mais ce n'eft qu'à la *couture*.

COUVERTE. Forte traverfine du *caxadou*. Voyez ce mot.

CRABE. Chevre. Double crochet fufpendu au timon, fur lequel on pofe le fer qu'on veut pefer.

CRABE. Pied fourchu en forme de fiche, traverfé par une broche, fur laquelle roulent & font fufpendues les *tires* ou bielles de la trompe.

CRABE. Double patte qui accroche les *cors* ou pattes de la trompe.

CRAMBOT. Petite chambre. Entrefol dans la Forge où les Ouvriers de repos vont dormir.

CREBAT. Crevé, gercé. Fer, bande gercée.

CREMA. Brûler ; brûler le fer, la tuyere.

CRESTES. Crêtes. Inégalités qui se forment à la surface du masse.

CROUSA. Croiser. Se dit du vent. Le vent croise lorsque la buse n'enfile pas bien la tuyere, & que son orifice fait un angle avec la paroit de la tuyere.

CUEILLÉ. Piece de bois qu'on place au fond de la huche, & qui détermine le cercle que la roue doit décrire. Elle peut influer sur la force de rotation.

CUNG. Coin. Il y en a de fer & de bois ; ils sont nécessaires pour contenir les différentes parties de l'ordon du marteau, principalement les *foucs-masses*, où il y en a huit.

Cung. (le) Le coin, l'étranguillon des arbres ou corps de trompe. Pl. IV. M.

CURROUX. Tourillons de l'arbre de la roue. Pl. I. *Fig.* 4, 8.

DEBANTAL. Tablier. Ce sont les planches qui ferment la huche & les corps des trompes.

DEMARGUA. Démancher. L'action d'enlever les coins, les clés, & tout ce qui assujettit le marteau pour l'emmancher de nouveau, & d'une maniere plus analogue au fer qu'on veut fabriquer.

DEME. Grosse loupe de fer applatie sous le marteau, dans le milieu de laquelle on a percé une chambre pour recevoir la queue de l'enclume ou *couillou*. La *deme* est logée dans la grosse pierre du mail.

DESEMBOUGUA. Oter la hurasse pour placer un nouveau manche.

DESENCURROUNA. Enlever les *curroux* ou tourillons du *cadaibre*, ou arbre de la roue.

DESENFOURNA. Défourner. Enlever la Mine
& le charbon du feu, lorfque, par quelque accident, on ne peut achever le fondage.

DESENROULA. Opération par laquelle on détache, avec un ringard, tout ce qui s'eft attaché
autour du creufet. On la fait, dès qu'on a enlevé
le maffé, avant de donner une nouvelle charge
au fourneau.

DESQUADE. Une raffe; plein une corbeille.

DESQUES. Corbeilles, pour fervir la Mine & le
charbon.

DOUCE. (Mine) Ce font les Mines fpathiques,
brunes & noires.

DRESSADOU. Pierre plate ou table de fer, portée
fur un ftock, fur laquelle on dreffe les barres.

DURMENT. Dormant. Forte piece d'équarriffage
qui fert de fondement aux jumelles & empoiffes,
qui portent les tourillons de l'arbre de la roue. Dans
quelques Forges, par exemple, à celle de *Guille*,
le dormant, du côté de la roue, eft en pierre.

DURMENTOU. Piece de bois de trois pieds de
long, d'un pied de large, & de fept pouces
d'épaiffeur, enchâffée dans le dormant du côté de
la roue, & dans laquelle eft logée l'empoiffe ou
rainette, qui porte le tourillon de l'arbre.

EICHARRASIT. Defféché. On dit un maffé *eicharrafit*, trop defféché.

EICHUGUA. Effuyer. Se dit du maffé. Effuyer un
maffé, c'eft tâcher de le rendre dur; fi on l'effuie
trop, il fe deffeche, & devient *eicharrafit*.

EMBOUGA. Placer la *bogue* ou huraſſe, & l'aſſujettir avec des coins de bois & de fer.

ENCARRAILLADE. C'eſt la Mine bien grillée.

ENCLUMÉ. L'enclume.

ENCURROUNA. Placer les *curroux* ou tourillons, au *cadaibre* ou arbre de la roue.

ENFANGUAT. Boueux. On dit que le commencement du maſſé eſt *enfanguat*, lorſqu'il a coulé de la Mine, ou qu'on a répandu trop de *greillade*. Il eſt bien rare alors que le maſſé ſe durciſſe.

ENGOUBERNA. Placer le *gouber* pour chauffer le mail qu'on veut réparer.

ENSAQUA. Emplir un ſac.

ENSAQUADOURE. Corbeille en forme de gondole, particulierement deſtinée à empocher le charbon.

ENTANAILLA. Aſſujettir des pieces de fer dans des tenailles. *Entanailla la maſſoque.*

ESCAILLES. Ecailles. Parties de fer mêlées de laitier, qui n'ont pas été débarraſſées de leurs parties terreuſes, & qui, ne faiſant pas corps avec le maſſé, ſe dépoſent le plus ſouvent dans les angles du creuſet, quoiqu'ils ſoient arrondis.

Eſcailles del mail. Battitures qu'on ramaſſe autour du marteau.

ESCAMPADOU. Ouverture pour la fuite des eaux du réſervoir de la trompe. Pl. II. *Fig.* 1. I.

ESCAPOULA. Forger des pieces de fer, comme pantures, ſocs, coutres, &c. que le Taillandier & le Forgeron doivent perfectionner ſans les diviſer.

ESCAPOULAGE. Tout ouvrage en fer forgé, dégroffi dans la Forge, qui n'a befoin que d'être perfectionné fans être divifé.

ESCOLA. Nom des Fondeurs.

ESPICS. Potilles emmortaifées dans les chevalets ou *banquades*, & contenues par les chapeaux ; elles retiennent les chaffis ou les planches des flancs, & du devant du courfier de la roue.

ESPINE. Epine. Barre de fer arrondie qu'on infinue dans la tuyere, pour foutenir fes bords lorfqu'on la recoupe, ou pour redonner à fon œil fa premiere forme, lorfqu'il a été boffué par quelques coups de ringard, ou par le paffage des maffés.

ESPIRAL. Toute forte de ventoufe ; ainfi l'on dit *efpiral du ceutre* ou de la huche.

    Efpiral de l'aqueduc. Canal expiratoire, par lequel les vapeurs méphitiques, qui fe ramaffent dans les aqueducs qui entourent le creufet, s'évaporent. Pl. II. *Fig.* 1. O.

    Efpirals des arbres. Soupiraux des corps des trompes. Petites ouvertures pratiquées au corps de la trompe, pour donner plus de reffort à l'air que l'eau y entraîne. Pl. IV. I.

    Efpiral de la fentinelle. Ventoufe pratiquée fur le milieu du *tampail* de la fentinelle. Pl. II. *Fig.* 1. D.

ESTANQUES. Fortes traverfines qui affujettiffent les coins qui foutiennent les *foucs-maffés* dans l'ordon du marteau.

ESTEILLE. Gros coin de bois placé fur le manche,

& contenu par une cheville pour affujettir le marteau. Voyez *Soubrefteille.*

ESTIRA. Etirer.

ESTREIGNE. Etrécir. Etirer. Cingler. *Eftreigne le maffé.* Cingler la loupe. *Eftreigne las maffoques.* Etirer les maffelottes.

FARGUAIRE. Forgeron. Forgeur. Tout Ouvrier employé dans une Forge pour la fabrication du fer.

FARGUE. Forge. Ufine dans laquelle on fabrique le fer.

FEICHE. Foie. Nom de la Mine de fer hépatique.

FERRIER. Le Propriétaire ou le Fermier de la Forge.

FERRUDE. (Mine) On appelle ainfi les riches efpeces d'hématite.

FLOU DE GINESTE. Fleur de genet. On ne connoît l'ochre martiale que fous cette dénomination.

FOC. Le feu. On appelle ainfi le creufet ou fourneau.

FOURCHE. Gros ouvrage qu'on fabrique exprès pour les moulins à vent.

FOURRUGA. Brifer avec l'*aze* la glace qui, en hiver, obftrue les *trompils.*

FOURRUPA. Afpirer, pomper. Expreffion très-énergique de l'idiome Languedocien :

.... *Se jamai fur ton fé,*

  Iou poudioi fourrupa trés poutets à plafé,

a dit notre Poète Touloufain Goudouli. Les Forgeurs difent que la tuyère a *fourupat fer* ; cela arrive, lorfque l'on oublie de mettre le *bouftis* avant de fermer les bafcules des trompes.

FOUSINAL. Le mur de la tuyere. Pl. i. *Fig.* 3. A, & Pl. ii. *Fig.* 2. I.

FOUSSOU. Sorte de beche dont on fe fert pour ramaffer la Mine.

FOYER. Le chef des Ouvriers ; celui à qui appartient la direction du creufet, de la tuyere, &c.

GABELLE. Javelle. Bandes ou barres de fer qui font à lier.

GABELS. Jantes de la roue.

GARLANDAS. Longues pieces de bois qui forment les côtés du courfier de la roue.

GAUTIERS. Planches pofées de bout le long de la roue, à la chûte de l'eau fur les aubes, pour l'empêcher de s'éparpiller.

GOUBER. Très-groffe barre de fer, avec laquelle on affujettit le marteau, lorfqu'on veut le chauffer, pour le réparer.

GRA DE GABAICH. Grain de blé Sarrafin. Les Ouvriers fe fervent de cette expreffion, pour défigner la bonté des Mines fpathiques.

GRANAT. GRANADE. Grenu, grenue. *Greillade, granade.* Mine qu'on a fortement tamifé ; ce qui fe pratique, lorfqu'on travaille avec des charbons forts.

GRAS, GRASSE. On dit qu'un maffé eft gras, lorfqu'il laiffe couler beaucoup de laitier durant le cinglage.

On dit auffi une chaude graffe, pour exprimer qu'une *maffoque*, ou *maffouquette*, fort du feu, entourée d'une croûte de laitier pâteux.

GREICH. Graiffe. La *Mene foun coume greich*. La
Mine fond comme de la graiffe.

GREILLADE. Nom de la Mine qu'on a réduit en
pouffiere, & qu'on jette fur le feu à divers temps.

GRENAILLES. Grains de fer fondu de diverfes
groffeurs qui tombent dans le creufet, principalement lorfqu'on enleve le maffé.

INTRADE. Entrée. Saillie de la tuyere dans le
creufet.

JAZ. Gîte. Les Ouvriers difent que la tuyere fe
fait fon *jaz*, lorfqu'après avoir placé trop haut
la pierre du fond du creufet, la tuyere l'abaiffe
en la brûlant.

LABA. Laver.

LABADISSES. Ces Mines menues, qu'on retire des
terres par le lavage. Les propriétaires attentifs emploient une corbeille de *labadiffes* crues par maffé.

LAMES. Les deux parties du marteau qui embraffent
le manche par le côté, & qui forment fon œil
ou la mortaife pour recevoir le tenon du manche.

LANE. Laine. *Lane de fer*. Laine de fer. Le pompholix qui s'échappe tout-à-coup du maffé, lorfqu'on le frappe avec le marteau ; chofe qui n'arrive
pas fouvent.

LAPASSOU. Barre de fer quarrée, qu'on enchâffe
derriere chacune des cames de l'arbre de la roue
pour en foutenir l'effort, lorfqu'elle frappe fur
le manche.

LATAIROL. Forte taque de fer, de deux pieds de
hauteur, fur fix à fept pouces de largeur, & fur

deux pouces d'épaiffeur. Elle eft percée au milieu, d'un trou qu'on nomme le *chio* , ou trou du *latairol*. A côté de cette piece , on en place une autre qui a les mêmes proportions ; elle porte le nom de *reflanque*. Celle-ci eft percée d'un trou quarré , par lequel on fait auffi couler, fi l'on veut , le laitier. Ce trou eft abfolument néceffaire pour introduire le *pal* des maffés , & pour les foulever lorfqu'il faut les ôter du feu.

LAUZE. Ardoife.

LAUZUDE. (Mine) Toute efpece de Mine fchifteufe ; ce font plus communément les Hématites qui affectent cette difpofition.

LEBADE. Elévation. La *lebade del mail*. L'élévation du marteau.

LIADOUS. Ce font deux pierres qu'on place à peu de diftance l'une de l'autre pour lier les quintaux de fer.

On nomme auffi *liadous* , les chapeaux du courfier de la roue, qui font emmortaifés avec les potilles ou *efpics*.

LUZENTIÉ. Mine de fer micacée.

MA. Main. On dit *côté de la main* ; c'eft le même que celui du chio ou *latairol*. On le nomme ainfi, parce que c'eft de ce feul côté que l'Efcola travaille les maffés, qu'il donne les chaudes aux maffelottes. Pl. III. B.

MAGAGNE. Fer aigre , rouverain, caffant.

MAIL. Le gros marteau. Pl. I. *Fig.* 4 , 16.

MAILLÉ. Nom du Maître Forgeur.

MARBRE.

MARBRÉ. Toute fubftance blanche qui adhere au Minérai, mais fur-tout le fpath calcaire.

MARCASSINE. Pyrites.

MARGUA. Emmancher. *Margua le mail*, *les martels*, *la pigace*; emmancher le gros marteau, les petits marteaux, la hache, &c.

MARGASOU. La douille, la mortaife, pratiquée dans les outils de toute efpece, pour y loger le manche.

MARGUÉ. Manche. *Margué del mail.* Manche du gros marteau. Pl. 1. *Fig.* 4, 14.

MARTEL. Marteau.

MASSÉ. C'eft la loupe.

MASSES. Diverfes fortes de marteaux.

MASSOQUES. Maffelottes. Nom de chaque portion du maffé, lorfqu'on l'a divifé en deux. On dit la premiere, la feconde *maffoque*.

MASSOUQUETTE. Chaque partie d'une *maffoque* lorfqu'elle a été partagée en deux portions égales.

MASTEGOU. Tronçon. C'eft le fond d'une *lame* neuve du gros marteau. Voyez *Lame.*

MENE. Le Minérai.

MERLAT. Efpece de fer trempé, reffemblant au *carré-court.*

MERQUE. Marque. Poinçon pour marquer le fer dans chaque Forge.

METRE LA MENE. Charger le creufet. Eft prefque fynonyme d'*aluca.* Voyez ce mot.

MIAILLOUX. Nom des valets de l'*Efcola.*

Bb

MINAIROU. Mineur.

MOILLES. Groſſes pinces à cingler.

MOL. Mou. Fer mou.

MOULANE. (peire) Pierre meuliere. C'eſt le granit commun.

MOUR. Muſeau. Le *mour* de la tuyere ; le muſeau de la tuyere. Son petit bout eſt le même que *naʒ*. Voyez ce mot.

MOUSSA. Calfater la caiſſe à vent, les corps des trompes, la huche, *le bourrec*, &c.

MOUSSADOU. Inſtrument de fer dont on ſe ſert pour coigner dans les joints, le chanvre, la mouſſe, &c.

MOUSSAZOU. Le chanvre, la mouſſe, & tout ce qu'on emploie pour calfater.

NAZ. Nez. Le nez de la tuyere, ſon petit bout, ſon muſeau. Voyez *Mour*. Lorſque la tuyere eſt recoupée, les Ouvriers diſent qu'elle doit faire *naʒ de porc*, grouin de cochon ; c'eſt-à-dire, que le bord ſupérieur de ſon œil doit dépaſſer d'environ ſix lignes, le bord inférieur.

NAVE. Auge, baquets, dans lequels on tient de l'eau dans la Forge. C'eſt le baſche.

Nave eſt encore le nom d'une meſure de la Mine pour chaque maſſé.

ŒL. Œil. Se dit du maſſé. Cette partie ronde, & plus ou moins concave de ſa ſurface, dans laquelle il y a toujours du fer fondu, eſt ce qu'on nomme *l'œil* du maſſé.

Œil de la tuyere, fon petit orifice ; il s'appelle auffi le *trauc*.

ORE (l') L'aire, le contrevent du creufet. Pl. II. *Fig.* 2, 3.

OUBLIETS. Sorte de grenouilles de fer qui reçoivent les pivots de la huraffe. Elles font fichées dans des jumelles, appelées *foucs-maffés*.

OUBRIA (l') Cette partie de la halle, où fe font toutes les manipulations pour forger le fer. Pl. I. B. C. D. E.

OULE. Pot. Marmite des Ouvriers.

PAGELLE. Mefure. Se dit pour le creufet, le marteau, la tuyere, &c.

PAICHERE. Chauffée. C'eft le courfier de la roue du marteau.

PAICHEROU. Baffin dans lequel fe raffemblent les eaux du bief de la trompe. Pl. IV. N. O. P. Q.

PAL DES MASSÉS. Gros ringard.

PALENQUE. Ringard.

PALES. Diverfes pelles.

PALMES. Cames de l'arbre de la roue qui font mouvoir le gros marteau. Pl. I. *Fig.* 4, 10.

PARA LE FER. Parer le fer.

PARSON. Mefure dont on fe fert dans quelques Forges, pour mefurer le charbon néceffaire à un fondage.

PARSONIER. Nom de ceux qui vont chercher du charbon en Couzerans, & qui fourniffent celui qui eft néceffaire pour un fondage ; ils partagent

le fer qui en provient avec le Maître de la Forge,
qui fournit la Mine & la main-d'œuvre.

PASSELIS. Saut du canal fous la roue.

PECES DEL MAIL. Pieces de fer qu'on place à
côté de l'enclume, & qu'on enterre pour cingler
& tailler les maffés.

PEILLES. Grands chiffons de toile, dont l'Ouvrier
enveloppe une extrêmité du fer qu'il veut chauffer
ou travailler.

PEIRE. Pierre d'un grand volume, qui reçoit la
denœ fur laquelle l'enclume éft affife.

PENCHÉS. Peignes. Dans la Forge, on appelle
de ce nom des bouts de bois minces, dont
on garnit les trous des boîtes qui reçoivent les
tourrillons de l'arbre de la roue.

PETA. Peter, éclater. Se dit de la Mine, lorfque
par l'action du feu elle fe brife avec fracas dans le
fourneau de grillage.

Il fe dit encore du laitier, qui, lorfqu'il éft gras
à la percée, éclate avec violence, fi l'on y jette
quelque corps humide ; alors le laitier vole en
éclats, au grand péril des Ouvriers & de la
Forge.

PÉS. Poids. Le timon où l'on pefe le fer.

PIECH DEL FOC. Poitrail du feu. Contre-mur,
appliqué au-devant du mur de la tuyere ou *foufinal*, qui le double dans toute l'étendue du creufet, & s'éleve de plufieurs pieds au-deffus de la
tuyere. C'éft le mureau des affineries. Pl. 1. *Fig.* 3.
B. Pl. II. *Fig.* 2, 2.

PIGACE. Une hâche.

PIQUA. Piquer. Faire piquer la tuyere, c'est lui donner une plus forte inclinaison.

On dit aussi que le marteau pique, lorsqu'il fait des hoches sur le fer.

PIQUADE. On dit *bergue*, *platte*, *piquade*. Bande, barre entaillée, sur laquelle on a fait des coches pour la couper plus aisément dans la vente au détail.

PIQUADOU. Cette partie de la halle, où l'on bocarde la Mine grillée.

C'est aussi le nom de la pierre sur laquelle on la broie.

PIQUEMINE. Ouvrier de la Forge qui bocarde à la main les Mines grillées, & remplit plusieurs autres devoirs.

PIQUOTS. Grands crochets dont on se sert pour enlever le massé du feu, & le faire rouler vers le marteau.

PITCHOU. Barre de fer dont on se sert pour arc-bouter la tuyere, & empêcher son recul, lorsque l'on enleve les massés.

On donne aussi ce nom à de petites pieces de bois qui soutiennent le *bourrec*, lorsqu'il est en place.

PLA. Bien. Beaucoup.

PLATINES. Bandes de fer dont on relie l'arbre de la roue près des cames.

PLATTE. De six, de cinq, de quatre barres, en

boffe, en ventre de truite, &c. On connoît fous ce nom dans le Commerce, des bandes de divers échantillons.

PLIE. (la) Taque de fer, pofée prefque horizon-talement au-deffus du chio & de la *reftanque*. Pl. III. I.

PORGES. (les) Taques de fer dont on garnit le côté du creufet fous la tuyere. C'eft comme la varme des affineries. Pl. II. *Fig.* 2, 7.

POUPA. Teter. On fait teter la bogue ou huraffe, pour qu'elle ne *barlaqueje* point; c'eft-à-dire, qu'on fait entrer, avec précifion, fes pivots dans leurs grenouilles. Il fuffit, pour cela, de forcer un peu les coins droits, qui font entre les *foucs* & les *foucs-maffés*.

POUPES. Tetons. On dit les *poupes de la bogue*; les tetons de la huraffe, fes pivots.

Poupe du maffé. C'eft une protubérance qui fe forme à la loupe, à l'endroit qui répond au trou du chio.

POURTANELLE. Empellement, par le moyen duquel on ouvre & on ferme l'entrée de la huche, qui donne l'eau à la roue à aubes.

PRINCE. Forte piece de bois équarrie, qui eft une des principales de l'ordon du marteau; elle eft oppofée au *Rey*, & renverfée vers le mur. Pl. I. *Fig.* 4, 2.

PUGNE. Poindre. Se dit de la Mine qu'on pouffe légerement avec le ringard lorfqu'elle fond bien,

& qu'elle eft aglutinée devant le contrevent. *La Mene foun coume greich , nou qual pas que la pugne.* La Mine fond comme de la graiffe , il n'y a qu'à la faire poindre.

PUJA. Monter. Lorfque les foupiraux font bouchés par la glace , *l'aigue puje al foc* ; l'eau monte dans le feu.

PUNT. Point. Proportions. Lorfque un Foyer fuccede à un autre dans une Forge , il change les dimenfions du creufet , parce qu'il ne veut pas travailler fur le *point* d'un autre , fur les propor- tions qu'un autre avoit déterminées.

PUNTES. Pointes. Pieces de fer qu'on prépare pour les appliquer devant & derriere la panne du mar- teau , lorfqu'on le répare.

PURGA. Purger. Le feu fe purge bien , lorfque le laitier coule avec facilité ; il fe purge mal , lorfque le laitier s'empâte.

QUARTERON. Poids de vingt-cinq livres.

QUOUE. Queue. *Traire quoue* , veut dire emman- cher la *maffouquette.*

QUOUET. On appelle ainfi la derniere chaude que l'on donne à la *maffouquette.*

RAINETTE. Eft un morceau de bois dur , creufé par-deffus , qui fert d'empoiffe , pour recevoir la meche des tourillons de l'arbre de la roüe. Il y en a deux ; l'une au *caxadou* ; elle eft logée dans une entaille faite au *durment* , & recouverte du *rainetou* ; l'autre eft du côté de la roüe ; elle eft auſſi logée dans une entaille faite au *dur-mentou.*

RAINETOU. C'eſt la contre-partie de l'empoiſſe ou *rainette* ; il la recouvre ; on n'en met qu'un, du côté du *caxadou* ſeulement.

RANQUEJA. Boiter. Le marteau *ranquejo*, lorſ-qu'il frappe en temps inégaux. C'eſt l'oppoſé d'*ana de compte.* Voyez ce mot.

RAS. Uni. Plein. Un maſſé eſt *ras*, lorſque ſon œil n'eſt pas trop creuſé. Voyez *Œl.*

RASA. Raſer. Faire raſer la tuyere, c'eſt diminuer ſon inclinaiſon, & la rendre plus horizontale.

RASPA. Se ſervir de la *raſpe* ou *becaſſe* dans le creuſet.

RASPE. Verge de fer applatie de huit lignes d'épaiſ-ſeur, ſur dix à douze de largeur, & d'environ trois pieds de long ; elle eſt recourbée d'un bout ; de l'autre, elle porte une douille, dans laquelle on met un manche de bois.

REICH. Sorte de fourgon pour amaſſer le charbon.

REILLADES. Bandes de fer tranſverſales, qu'on applique aux *ſoucs-maſſés* pour les raffermir.

REQUEIT. Fourneau pour le grillage de la Mine. Ce terme eſt auſſi uſité pour le grillage lui-même, faire un *requeit*, faire un grillage.

RESAUTA. Un marteau *reſaute*, lorſque la came de l'arbre frappe ſur le manche, avant que le marteau ne ſoit tombé ſur le fer qui eſt ſur l'en-clume.

RESPALME. Empellement d'une petite éclufe.

RESPALMIER. Petite éclufe.

RESTANQUE. Taque de fer de deux pieds de hauteur, fur fix à fept pouces de largeur & deux pouces d'épaiffeur, qu'on place dechamp à côté du *latairol*, & qui, avec lui, forme le côté du chio, ou de la *main* au creufet. Cette piece eft percée d'un trou carré, plus grand que celui du *chio*. Il eft néceffaire pour introduire le *pal des maffés* dans le creufet, afin qu'on puiffe foulever le maffé lorfqu'on veut l'enlever. On bouche, fi l'on veut, cette ouverture durant le fondage. Quelques-uns s'en fervent en guife de chio.

RESTEILLÉ. Ratelier. C'eft une rangée de petites barres, affez ferrées les unes contre 'les autres, qu'on place dans le petit courfier de la trompe, pour intercepter le paffage des corps étrangers qui pourroient déranger le jeu de la trompe.

RETAILLA. Recouper. On recoupe la tuyere, lorf-que les bords de fon œil font brûlés ou gâtés, & qu'il faut les unir.

REY. Roi. Groffe piece de l'ordon du marteau ; elle eft pofée debout, & oppofée au *Prince* avec lequel elles foutiennent le *caxadou*. Pl. 1. *Fig.* 4, 3.

RIMA. C'eft lorfque le feu donne une flamme, tantôt blanche, tantôt jaune ; cela a lieu ordi-nairement fur la fin du fondage.

Rima. Se dit encore du fer, lorfque l'*Efcola* l'a trop chauffé.

RIMATEL. (un) Eſt un maſſé trop deſſéché , & qui laiſſe une partie de ſa croûte dans le feu. Ces ſortes de maſſés ſont ceux qui donnent d'ordinaire le moins de fer, mais le plus d'acier.

RODE. La roue du gros marteau. Pl. i. *Fig.* 4 , 9.

SACOUTIER. Celui qui fait le charroi du charbon ſur ſon dos.

SADOUIL. Saoul, plein. On dit qu'un maſſé eſt bien *ſadouil* , plein de l'œil. C'eſt la même choſe que *ras*. Voyez ce mot.

SAUT. Signifie la hauteur de la chûte, l'élévation de l'eau au-deſſus de la Forge. On dit Forge de petit ſaut , forge de grand ſaut ; pour dire Forge à grand ou à petit vent , ou dont les trompes ſont hautes ou baſſes.

　　Saut de la tuyere. C'eſt ſon élévation au-deſſus du fond du creuſet.

SEGU. Sûr. *Ana ſegu.* Voyez *Ana*.

SENISSE. Pouſſiere de charbon à demi conſumé, qui vole ſur le toît de la Forge.

SENTINELLE. Portion antérieure & ſurhauſſée du tambour de la trompe. Pl. ii. *Fig.* i. B.

SEUDA. Souder.

SILLADE. Craſſe ou laitier très-fort , qui s'attache à l'œil de la tuyere & qui le bouche.

SILLADOU. Baguette de fer un peu recourbée à l'un de ſes bouts ; elle ſert à débarraſſer l'œil de la tuyere , de la *ſillade* ou craſſe qui l'obſtrue.

SILLA. Opération dans laquelle on introduit le

filladou dans la tuyere , par fon pavillon , pour détacher la *fillade.*

SOFFRE. Anneau de fer qu'on met fous la piece qu'on veut percer.

SOUBARBE. Piece de bois qu'on met fous le tenon du manche , pour qu'il ne porte pas immédiatement fur le paroits de la mortaife du marteau.

SOUBRESTEILLE. Morceau de bois mince, qu'on chaffe fur le tenon du manche, entre le gros coin nommé l'*efleille* , & la tête du marteau.

SOUC. Groffe piece d'équarriffage , pofée debout, & l'une des plus effentielles de l'ordon du marteau.

Souc de devant. Il y en a deux pofés en regard. L'un eft le *fouc de devant* , du côté de *la main.* Pl. I. *Fig.* 4 , 11. L'autre eft le *fouc de devant* , du côté de *la cave.* Pl. I. *Fig.* 4 , 5.

Il y en a un troifieme , placé entre le *Rey* & le *fouc de devant* , du côté de la *cave* ; on le nomme *fouc del miey* , fouc du milieu. Pl. I. *Fig.* 4 , 4.

Enfin un quatrieme eft accolé au *fouc de devant* , du côté de la *cave* ; on le nomme *fouc de derriere* , du côté de la *main.* Pl. I. *Fig.* 4 , 12.

SOUCHERIE. L'enfemble des pieces de charpenterie qui compofent l'équipage du gros marteau.

SOUCS-MASSÉS. Jumelles qui fupportent les pivots de la huraffe. Pl. I. *Fig.* 4 , 13.

SOUFFLART. Ouverture de la fentinelle dans laquelle s'adapte le *bourrec*. Pl. II. *Fig.* 1. K.

SOUQUETS. Morceaux de bois qu'on met entre les tenailles & le fer qu'on veut affujettir.

SUDA. Suer.

TACOUL. Piece de fer encaftrée à l'extrêmité du manche, contenue par un cercle de fer à genouillere appelé la *beire*. Le *tacoul* recouvre l'extrêmité du manche du gros marteau, afin qu'il ne s'ufe point par le frottement des cames de l'arbre de la roue. C'eft la brée. Pl. I. *Fig.* 4, 14.

TALLAIRE. Taillant. Il y en a de plufieurs grandeurs pour les maffés, les barres, &c.

TALLAIRET. Petit taillant pour les bandes.

TAMPAIL. Fermeture en bois qui fert de toît à la *fentinelle* de la trompe. Pl. II. *Fig.* 1. C. On pratique, au milieu de cette fermeture, une ventoufe qu'on nomme l'*efpiral*. Pl. II. *Fig.* 1. D.

TANAILLES. Tenailles. Il y en a de plufieurs fortes pour forger le fer, pour le parer, &c.

Tanailles de la loupe. Groffes pinces à coquille, dont un des mords eft en forme de cueillier.

TAULE. Table. Se dit de l'enclume; c'eft fon aire, fa furface.

TAULIER. Siege. Traverfine qui fupporte les deux taques de pierre dans le tambour de la trompe.

TENDRE. Tendre. Le fer eft tendre, lorfque, fans être rouverain, il fe gerce un peu fous le marteau.

TESTE DEL FOC. Tête du feu. C'eſt la même chofe que la *cave* ou la ruſtine; on l'appelle ainſi, parce que c'eſt dans cette partie que la charge eſt la plus élevée, & parce que l'*Eſcola*, qui manipule, l'a toujours devant lui. Voyez *Cave*.

TIERS. Planche avec une hoche dont on ſe ſert pour placer avec préciſion la huraſſe, lorſqu'on met un manche neuf.

TIRANT. Piece de bois qui contient les potilles ou *eſpics*, qui ſont en tête du courſier de la roue.

TIRES. On dit *tire del mail, tires de la trompe*. Ce ſont les bielles qui font jouer les baſcules de la trompe, & l'empellement de la huche.

TISES. Fumerons.

TRAIRE. Tirer. *Traire quoue.* Emmancher la maſſelotte, &c.

TRAUC. Trou. *Trauc de la tuele.* L'œil de la tuyere, ſon petit orifice.

    Trauc de la ſentinelle. Voyez *Soufflart*.

TRAUQUA. Percer le chio pour faire écouler le laitier.

TRAUQUADOU. Poinçon de fer qui ſert à forer toute ſorte d'outils.

TRIBE. Tariere. Sorte de perçoir pour les montagnes; on les fabrique dans les Forges.

TRINQUA. Caſſer. Caſſer le fer fort avec la *trinque*.

TRINQUE. Marteau a deux pannes cunéiformes, pour caſſer le fer fort ou acier.

TROMPE. Machine qui , par la chûte de l'eau , fournit le vent néceſſaire au fondage. On donne plus particulierement ce nom au tambour ou caiſſe à vent. Pl. II. *Fig.* I. A.

TROMPILS. Tuyaux cunéiformes , par leſquels l'air entre dans les corps de la trompe. Pl. IV. L.

TRONC. Vieille tuyere preſque hors d'uſage ; on dit cette tuyere eſt *tronc*.

TUELE. C'eſt la tuyere. Pl. II. *Fig.* I. N.

VERDET. Parties cuivreuſes , dont les Mines ſont quelquefois entachées.

VOLETS. Voyez *Alets*.

EXPLICATION DES PLANCHES.

PLANCHE PREMIERE.

Plan géometral de la Forge de Guille *à Vicdeſſos.*

F I G. I. A. Porte d'entrée de la Forge.

B. C. D. E. Portion principale de la halle, dans laquelle eſt placé l'ordon du marteau, & où ſe font toutes les manipulations, pour rendre le *maſſé* propre aux divers uſages du commerce. C'eſt cette partie qu'on nomme proprement l'*oubria*.

F. Pilier en maçonnerie. Il ſoutient les entraits du comble : on y ſuſpend les poids, les romaines ; on y appuie les outils, & principalement les bandes de fer qui ſont à lier, & qu'on n'a pas encore peſées.

G. Porte de dégagement pour donner de l'air à la Forge, pour jeter les craſſes & le laitier dans le canal, pour tremper les barres, &c.

Fig. 2. A. Le mur de la tuyere, appelé le *fou-final.* B. Le mureau, dit *piech del foc.* C. D. E. F. L'aire ou l'*ore.* G. Le côté de ruſtine ou la *cave.* H. Le contrevent ou l'*ore.* I. Le *latairol* ou le côté du chio. K. Le deſſous de la *plie* & des *banquettes*, & l'iſſue du chio.

Fig. 3. M. Le tambour, ou caiſſe à vent de la trompe. N. Traverſine de bois qui porte les taques. O. Taques ou tablettes de pierre. P. Le *foufflart* ou trou de la *fentinelle*. Q. Le *bourrec*. R. Le canon du *bourrec*, ou bufe de la trompe. S. La tuyere. T. L'ellipfe que forme le fond du creufet.

Fig. 4. 1. Le courfier de la roue à aubes, dont on a rabaiffé les chapeaux ou *liadoux* fur les murs qui portent les chevalets qui foutiennent le courfier. Il n'y a, au courfier de cette Forge, que douze chevalets. 2. Forte piece d'équarriffage, renverfée contre le mur, c'eft le *Prince*. 3. Autre piece oppofée au *Prince*, appelée le *Rey*. 4. Le fouc du milieu, *fouc del miey*, inutile lorfqu'on a du gros bois. 5. Souc de devant, du côté de ruftine ou de la *cave*, 6 *a*. Le *caxadou*, 6 *b*. Chevalet (*durment* & *durmentou*), qui porte une empoiffe (*rainette*). 7. Arbre de la roue, le *cadaibre*, relié de fes frêtes de fer. 8. Les tourillons de l'arbre, les *curroux*. 9. La roue à aubes. 10. Les cames de l'arbre les *palmes*, il y en a trois pofées à diftance égale. 11. Souc de devant, du côté du chio ou de la *main*. 12. Souc de derriere, du côté du chio ou de la *main*. 13. Jumelles qui portent les boîtes les *oubliets*, qui reçoivent les pivots de la huraffe, ou *bogue*; on les nomme *foucs-maffés*. 14. Le manche du gros marteau, armé du *tacoul* & de la *beire*. 15. La huraffe avec fes pivots, la *bogue*. 16. Le gros marteau, le *mail*. 17. Table de fer pofée fur un ftock, fur laquelle on dreffe & on perfeEtionne les barres, les verges, &c. 18. Ouverture, pratiquée dans l'épaiffeur du mur, pour faciliter l'étirage; l'efpace étant trop refferré dans cette forge pour le fervice du marteau, fur-tout lorfqu'il faut équarrir les barres

le

le long du marteau, c'eft-à-dire, de la tête au talon.
C'eft, du refte, le défaut de toutes les Forges qui
font à la gauche.

PLANCHE SECONDE.

*Coupe du tambour de la trompe & du creufet, prife
fur la ligne A. B.*

Fig. 1. A. Tambour ou caiffe à vent de la trompe.
B. La *fentinelle.* C. Le *tampail* ou fermeture en
bois. D. L'évent de la *fentinelle* avec fon tampon,
l'efpiral. E. Corps de la trompe, *l'arbre.* F. Pilier
de bois qui foutient la traverfine. G. Traverfine
emmortaifée avec le pilier. H. Taque ou tablette de
pierre, pofée fur la traverfine. I. Trou d'échappement pour la fortie de l'eau, le *trauc.* K. Le *foufflart*
ou trou de la *fentinelle.* L. Le *bourrec.* M. La bufe
de la trompe, le canon du *bourrec.* N. La tuyere. O.
Canal expiratoire, ou ventoufe de l'aqueduc, qui
entoure le creufet.

Fig. 2. 1. Le mur de la tuyere, le *foufinal.* 2.
Le contre-mur ou mureau, le *piech del foc.* 3. L'aire,
l'ore. 4. Portion du maffif qui porte le creufet. 5.
La pierre du fond du creufet. 6. Le contrevent ou
l'ore, garni de fes taques de fer. 7. Le côté de la
tuyere, auffi en fer ; les *porges.*

La ligne ponctuée *a b* eft une diagonale qui traverfe le milieu de l'*efpiral*, du *foufflart* & du creufet,
& qui trace la direction de celui-ci, de même que
celle de l'axe de la tuyere : elle donne auffi la correfpondance de toutes les parties du creufet entre elles.

C c

La ligne ponctuée *c d* rapporte fur le creufet le niveau du bord extérieur & inférieur du *foufflart*.

La ligne *d e* détermine la profondeur du creufet, qui doit toujours être prife au niveau *c d* du *foufflart*.

K. Eft un cordeau, armé d'un plomb, qui paffe au travers de la tuyere, & qui fert à mefurer fa faillie, ou *entrée* dans le feu. Cette faillie eft de fix pouces quatre lignes. Ce plomb marque encore l'élévation ou *faut* de la tuyere au-deffus du fond du creufet; elle eft d'un pied deux pouces fix lignes.

La ligne horifóntale *f g*, prife au niveau de l'entrée de l'axe de la tuyere dans le feu, forme un angle droit avec les *porges* ou côté de la tuyere. Cet angle droit eft partagé en deux angles inégaux par la diagonale *a b*. Celui que fait la ligne de direction de l'axe de la tuyere avec les *porges*, eft de cinquante-cinq degrés; l'autre, formé par la ligne *a b* de l'axe de la tuyere, avec la ligne horifontale *f g*, eft de trente-cinq degrés; il fait le complément de l'angle droit. On reconnoît, avec autant de facilité que de précifion, la mefure de ces deux angles, à l'aide du *Tuyerometre*, repréfenté Pl. VI.

PLANCHE TROISIEME.

Coupe du creufet fur la ligne C. D.

A. Le côté de ruftine, appelé la *cave* ou *tête du feu*. B. Le côté du chio ou de la *main*. C. L'orifice de la tuyere, l'œil. D. La pierre du fond du creufet. E. Partie du maffif fur lequel la pierre eft pofée. F. Taques de fer dont eft formé le côté du chio. G.

Les *banquettes*. H. Trou du chio ou *latairol*, par lequel on donne iffue au laitier. I. La *plie*, taque de fer horifontale, un peu inclinée vers le feu.

PLANCHE QUATRIEME.

Elévation perfpective, & coupe de la trompe fur la ligne E. F.

A. B. C. D. Partie du tambour ou caiffe à vent. E. Traverfine qui porte les taques de pierre. F. Pilier emmortaifé dans la traverfine, & qui la foutient. G. Taques ou tablettes de pierre. H. Corps ou *arbres* de la trompe. I. Soupiraux des corps, les *efpirals*. K. Évafement des corps. L. Trompils. M. Le coin ou l'étranguillon. N. O. P. Q. Réfervoir de la trompe, le *paicherou*. R. S. Portion du bief qui conduit l'eau au réfervoir.

PLANCHE CINQUIEME.

Double verge à crochet.

Fig. 1. Cette verge eft équarrie. Elle porte, à l'un de fes bouts, un petit crochet à l'équerre. On grave fur une des faces, une divifion en pieds & en pouces. On attache à volonté un plomb à ce crochet.

Fig. 2. Autre verge de fer équarrie ; à un bout elle a une poignée ; à l'autre un crochet à l'équerre. Il eft foré dans le milieu, pour recevoir & laiffer couler librement la verge graduée de la *Fig.* 1.

Fig. 3. Les deux verges réunies, & telles qu'elles doivent être ajuftées pour leur ufage. On voit la verge de la *Fig.* 1, enfilée dans le crochet de celle de la *Fig.* 2, & affujettie par un nœud coulant.

Nota. On n'a point mis d'échelle à ces trois figures, pour rendre leur conftruction plus fenfible. Sans cela, il eût fallu les deffiner fur une échelle très-grande. Chaque verge a cinq pieds de longueur & cinq lignes d'équarriffage. Le crochet de la *Fig.* 1 a cinq lignes de faillie ; celui de la *Fig.* 2 en a dix.

Ce crochet doit toujours être proportionné au diametre de la tuyere ; fi on rétrécit celles-ci , il faut diminuer d'autant la faillie du crochet , pour qu'il puiffe couler librement entre le canon du *bourrec* & la paroi de la tuyere.

Fig. 4. A. La tuyere. B. La bufe de la trompe ou le çanon du *bourrec.* C. Poignée de la verge que le *Foyer* tient dans la main droite , tandis qu'avec la gauche il fait couler la verge D. hors de l'œil de la tuyere. E. Crochet de la verge à poignée , qui eft arrêté à l'orifice du canon du *bourrec.* L'autre verge D. étant accrochée à l'œil de la tuyere , le *Foyer* les maintient dans cette diftance , il les ôte de la tuyere ; & par le fecours de la graduation de la verge D , il reconnoît de combien de pouces & de lignes l'œil du canon du bourrec eft éloigné de celui de la tuyere.

PLANCHE SIXIEME.

Figure d'une planchette de bois dur taillée , pour déterminer l'inclinaifon de la tuyere. A. B. C. Angle de cinquante-cinq degrés. A. B. F. Angle de trente-cinq degrés. A. C. D. Niveau. E. Un plomb. On peut donner à cet inftrument le nom de *Tuyerometre.*

F I N.

TABLE.

Fin de la Table.

EXTRAIT des Registres de l'Académie Royale des Sciences.

LES Commissaires nommés par l'Académie pour examiner un Ecrit contenant un Traité sur les Mines de Fer & les Forges du Comté de Foix, présenté à l'Académie par M. de La Peirouse, un de ses Associés ordinaires, en ont rendu le compte suivant. Cet Ouvrage, écrit avec clarté & précision, présente une suite de faits qui prouvent la défectuosité des manipulations, qu'une routine aveugle a introduit & perpétué dans ces Forges ; les avantages qu'on doit retirer des observations faites par l'Auteur, les moyens d'exécuter avec facilité les changemens qu'il propose, & les regles qu'il présente, pour assurer le plus constant & le plus grand produit net, aux propriétaires de Forges.

Guidé par le flambeau de l'expérience, qui peut seule faire appercevoir les objets & les effets sur lesquels on ne peut être prévenu par le raisonnement, l'Auteur s'est appuyé sur le résultat qu'elle lui a constamment présenté, pour déterminer les opérations qui peuvent remplir cet objet important.

Cet Ouvrage, destiné principalement à diriger la pratique des Ouvriers, à servir de Code à leurs manipulations, est divisé en deux parties, qui sont précédées par une Introduction. Le corps de l'Ouvrage est accompagné de six Planches, nécessaires à l'entente des machines employées dans les Forges, & des changemens que l'Auteur propose d'y faire ;

il eſt terminé par des notes très-curieuſes & très-intéreſſantes, mais plus relatives à la Coſmogonie qu'au ſujet qui y eſt traité ; enfin par un Vocabulaire, néceſſaire pour entendre le langage des Ouvriers des Forges du Comté de Foix.

Cet Ouvrage nous a paru contenir des vues & des faits abſolument neufs & très-utiles, non-ſeulement pour les Forges de ce Comté & pour toutes celles qui ont adopté ſa méthode, mais encore pour tous ceux qui s'occupent de l'art difficile de la fabrication du Fer ; nous croyons qu'il eſt digne de paroître ſous le Privilege de l'Académie.

Je certifie le préſent extrait conforme à ſon original, & au jugement de l'Académie. A Toulouſe le 10 *Mars* 1786.

CASTILHON, Secrétaire perpétuel.

Extrait des Regiſtres de l'Académie.

Du 9 Mars 1786.

Les Commiſſaires nommés pour examiner un Ouvrage de M. de Lapeirouſe, intitulé : *Traité ſur les Mines de Fer & les Forges du Comté de Foix*, en ayant rendu compte à l'Académie, elle a jugé cet Ouvrage digne de ſon approbation, & de paroître ſous ſon privilege ; en foi de quoi j'ai ſigné le préſent Certificat. A Toulouſe ce 10 Mars 1786.

CASTILHON, Secrétaire perpétuel.

Pl. I.

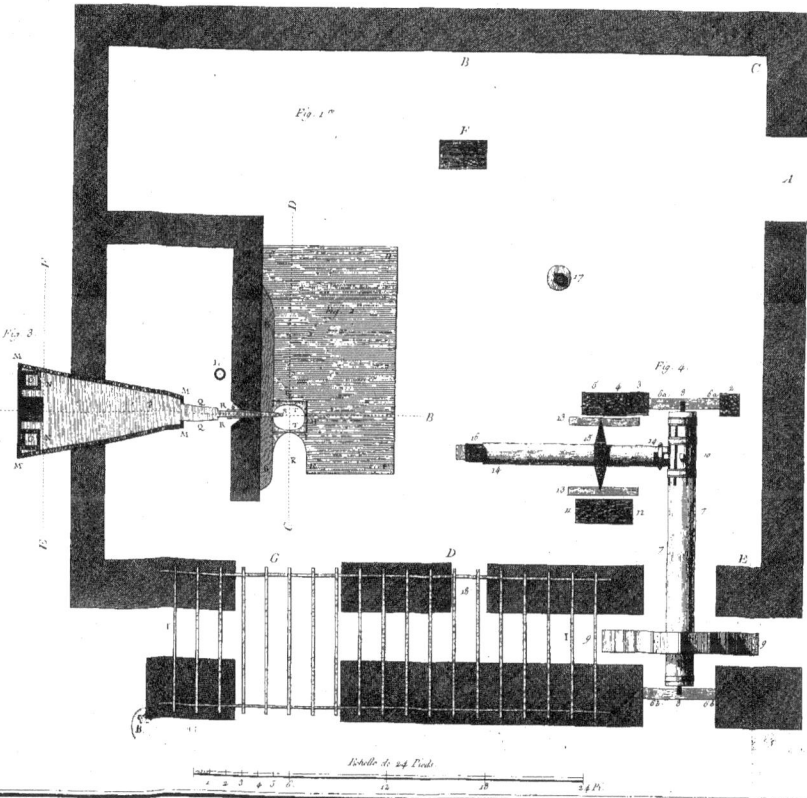

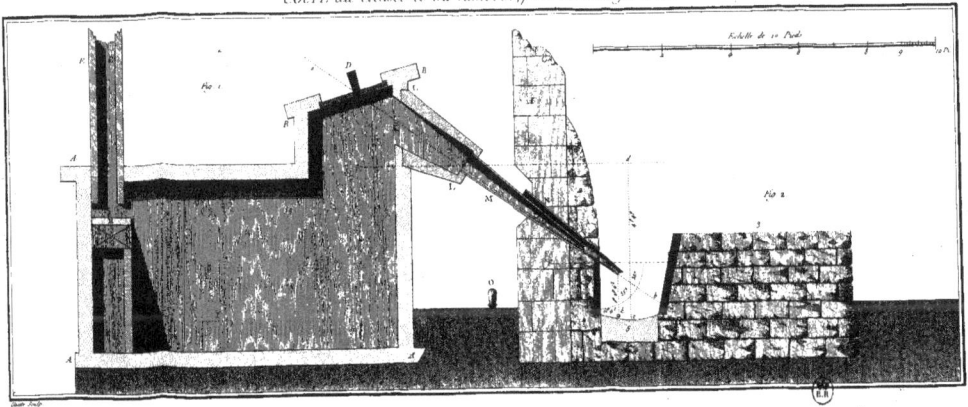

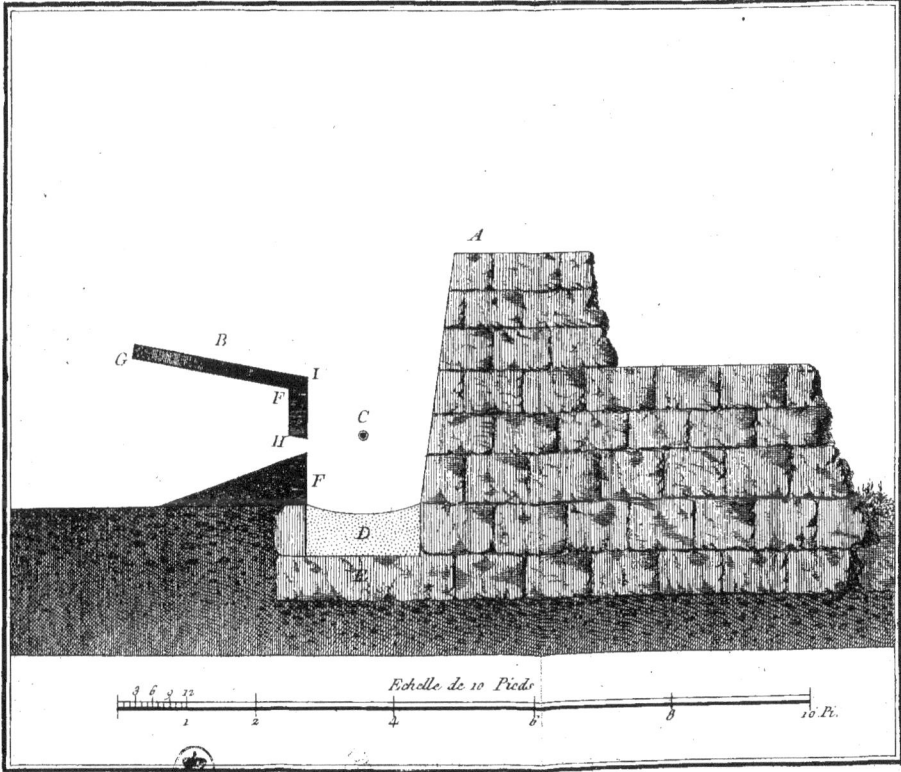

Coupe du Creuset sur la Ligne C D.   Pl. III.

Echelle de 10 Pieds

Gaille Sculp.

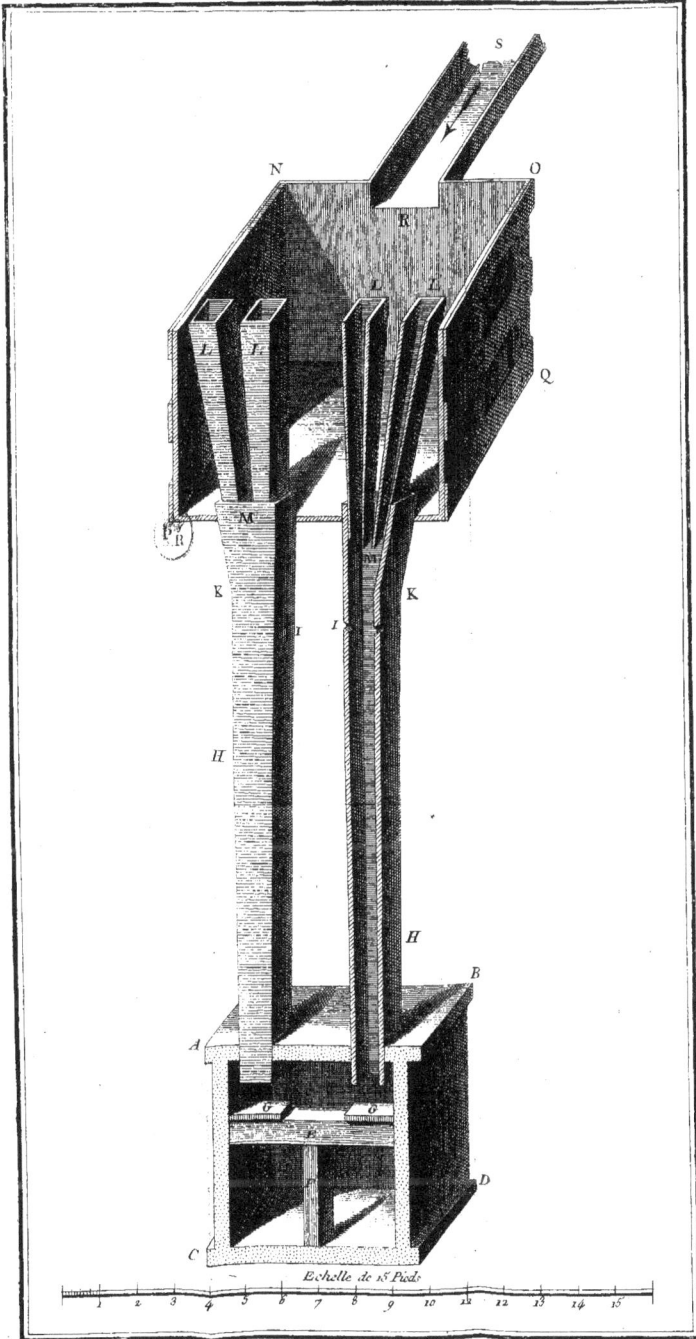

Echelle de 18 Pieds

1 2 3 4 5 6 7 8 9 10 11 12 13 14 15

Baille Sculp.

Fig. 1.

Fig. 2.

Fig. 3.

Fig. 4.

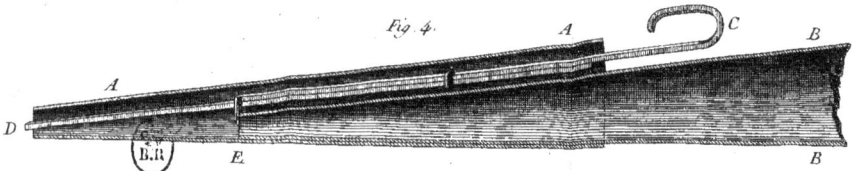

Echelle de la Figure Quatrieme.

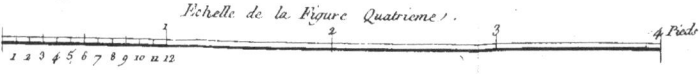

1 2 3 4 5 6 7 8 9 10 11 12

Gaille Sculp.

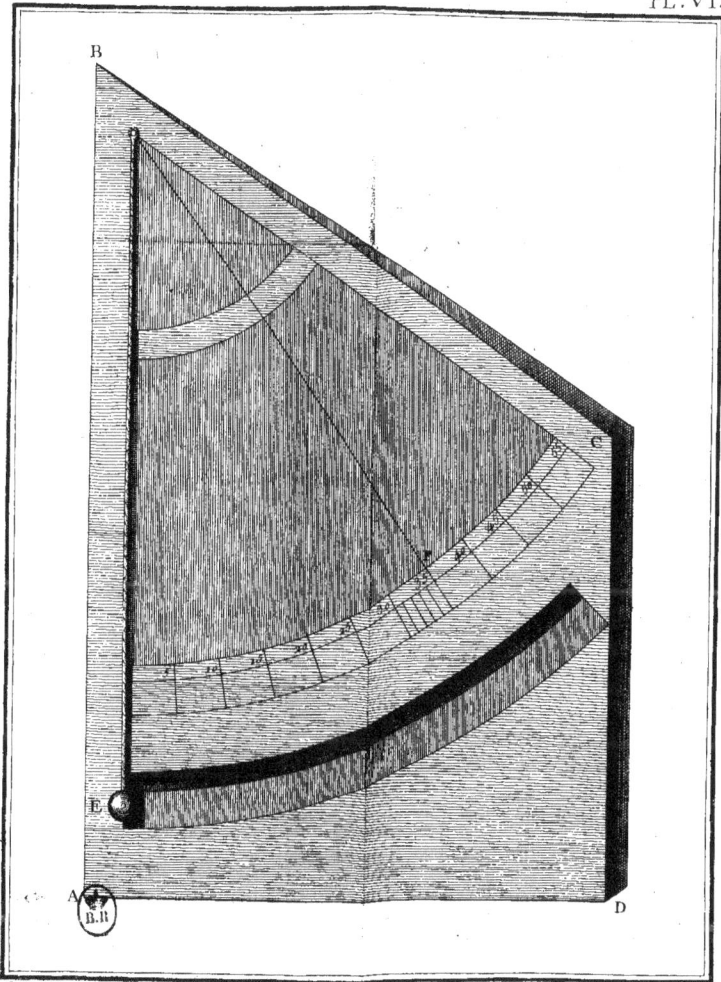

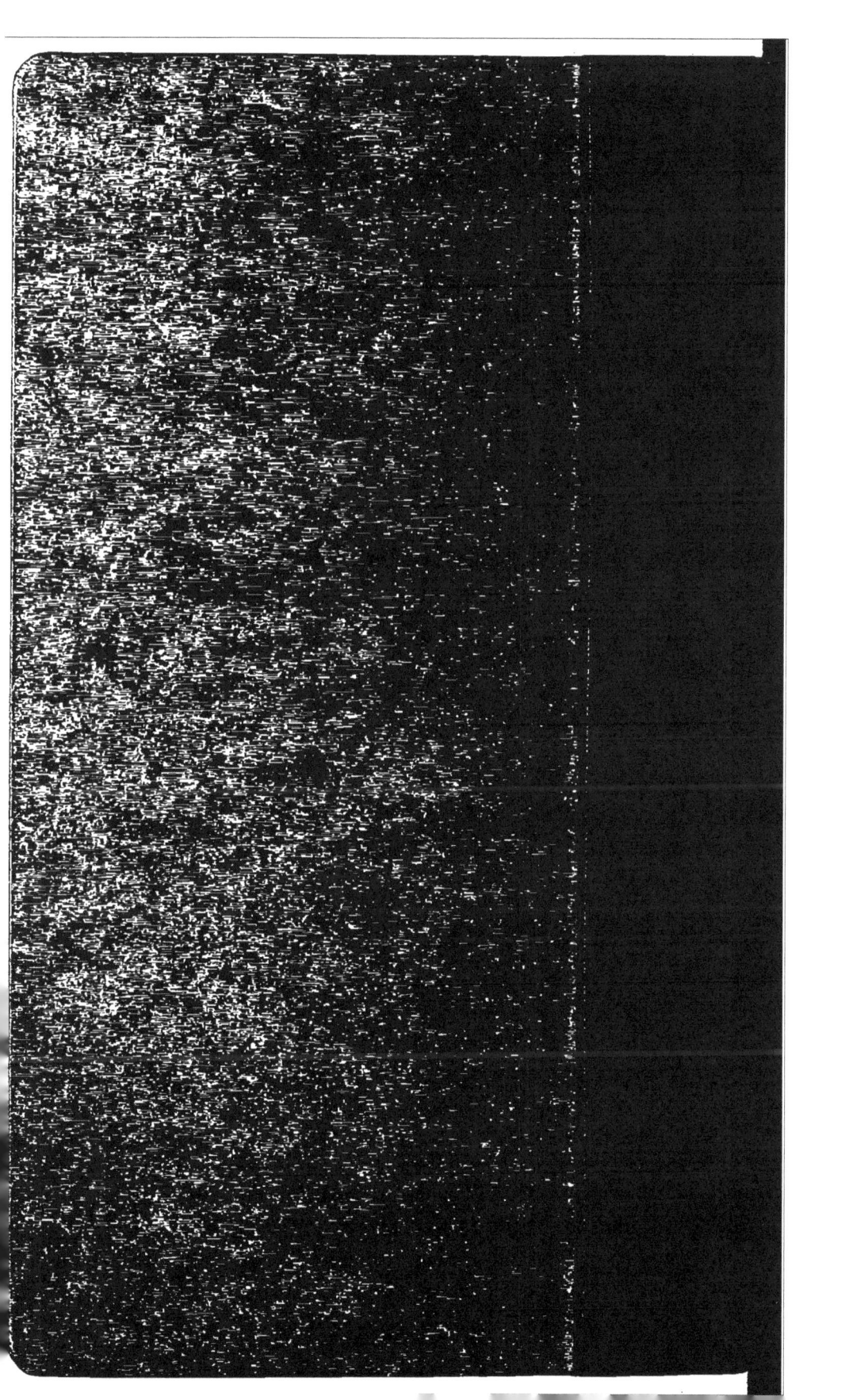

www.ingramcontent.com/pod-product-compliance
Lightning Source LLC
Chambersburg PA
CBHW060527220326
41599CB00022B/3453